互动媒体设计与制作

iVX在线开发平台入门教程

主　编◎李　钢

副主编◎曹　静

清華大學出版社

北　京

内 容 简 介

本书介绍了零代码在线开发平台 iVX 的开发流程和基本功能，以 H5 交互媒体开发为主要应用，结合“全国大学生广告艺术大赛”历年获奖作品，深入浅出地讲解了交互媒体设计的理念和技术，帮助读者快速提高交互媒体的开发和创作能力。

本书适合作为网络与新媒体、传播学、广告学、视觉传达等相关专业的核心教材，也适合广大新媒体爱好者与从业者参考学习。

图书在版编目（CIP）数据

互动媒体设计与制作：iVX 在线开发平台入门教程 / 李钢主编．—北京：清华大学出版社，2023.12（2024.6 重印）

ISBN 978-7-302-64960-1

Ⅰ．①互…　Ⅱ．①李…　Ⅲ．①超文本标记语言—程序设计—教材　Ⅳ．① TP312.8

中国国家版本馆 CIP 数据核字（2023）第 242155 号

责任编辑： 邓　艳
封面设计： 秦　丽
版式设计： 文森时代
责任校对： 马军令
责任印制： 曹婉颖

出版发行： 清华大学出版社
网　　址：https://www.tup.com.cn，https://www.wqxuetang.com
地　　址：北京清华大学学研大厦 A 座　　邮　　编：100084
社 总 机：010-83470000　　邮　　购：010-62786544
投稿与读者服务：010-62776969，c-service@tup.tsinghua.edu.cn
质量反馈：010-62772015，zhiliang@tup.tsinghua.edu.cn
印 装 者： 三河市龙大印装有限公司
经　　销： 全国新华书店
开　　本： 190mm×260mm　　**印　　张：** 11.25　　**字　　数：** 260 千字
版　　次： 2023 年 12 月第 1 版　　**印　　次：** 2024 年 6 月第 2 次印刷
定　　价： 69.80 元

产品编号：099050-01

前言

PREFACE

交互媒体设计与开发是一个较为广泛的领域，其中以H5技术为核心的Web前端开发占据重要地位。近年来，H5技术发展迅速，尤其是在移动端得到广泛应用，逐渐成为App开发、UI设计、网络营销、传媒娱乐等领域中的重要技术之一。各高校在传媒和设计相关专业的教学中，也越来越重视学生新媒体应用技术与创新能力的培养。但是，受限于师资、设备与理念等方面的不足，教学效果不甚理想。比较常见的窘境是计算机类学生技术能力较强，但缺乏艺术设计与创新能力；文科和艺术类学生虽然具备较好的策划和设计能力，但受限于技术能力不足，作品往往只能停留在原型设计阶段，无法达到可以实际使用的程度。这两类学生的合作也往往因为不了解对方领域的基本原理和流程而困难重重。

近年来，随着互联网作为基础设施的快速发展，前端开发技术和工具也发生了前所未有的变化。以Figma、Canva为代表的在线开发工具引领了设计软件从离线到在线、从大而全到小而美的潮流。这些强调无感迭代、多人合作、海量资源的在线开发平台大大降低了交互媒体设计和开发的技术门槛，掀起了一波交互媒体开发的新浪潮。在这次浪潮中，国内企业纷纷跟进，易企秀、即时设计、iVX等在线开发平台脱颖而出。其中，iVX作为H5开发工具iH5的升级版，以其强大易用的专业化功能吸引了大批不懂代码但又希望从事前端开发的非计算机专业人员，也成为众多程序员提高效率、简化开发流程的有力助手。

本书以 iVX 平台的前端开发技术为主线，在编写过程中，充分考虑了零代码基础的文科生与艺术生的实际情况，以深入浅出的讲解和丰富的案例带领读者迅速掌握 H5 交互设计的核心技术与设计理念。本书的另一大特色是介绍了大量“全国大学生广告艺术大赛”历年交互类的获奖作品，这些作品都是企业真实命题，并且超过半数使用了 iH5 或 iVX 平台开发。通过对这些同龄人真实创作案例的赏析，学生可以建立信心、激发兴趣，快速提升实践能力。坚持以赛促教、以赛促学、以赛促改，是笔者所在院系教师团队经过多年探索的经验总结，本书的编写正是基于此经验。

在体例上，本书每章包含 4 个部分，各部分安排如下。

理论讲解：围绕本章主题讲解基本概念和理论。

项目实训：对理论讲解部分内容做项目实训，教师当堂演示，学生当堂模仿练习。

拓展训练：在项目实训的基础上进一步引导学生应用本书所学技能动手实践。课时充裕的课程，可将本部分用作学生的课堂练习，教师进行现场辅导。课时紧张的课程也可留作课后作业。

本章小结：总结本章要点。

教师在授课过程中应根据实际情况灵活选用章节内容，例如，部分章节有多个项目实训的可以按需选用其一，其余留作课堂练习或课后作业。我们建议的教学时间为每章 4 ～ 6 课时，总学时 32 ～ 48 学时，其中包含了讲授、演示与实训时间。

为避免链接失效导致案例无法访问，书中所有互动作品均以录屏方式展示，读者扫描案例对应的二维码即可在线观看，您也可以在浏览器中输入脚注中的网址直接访问互动作品原件。

由于在线开发平台的版本迭代较快，读者在使用本教材时可能会发现书中内容与软件界面不符的情况，为最大限度保证教材内容的时效性，我们会持续发布《更新说明》。请读者扫描前言中的二维码下载书中使用的案例素材及更新文件。

由于编者水平有限，书中难免存在不足之处，欢迎广大读者批评指正。

编者

2023 年 8 月

目录

CONTENTS

第1章 iVX入门 001

1.1 H5概况 001
1.1.1 H5是什么 001
1.1.2 H5编辑工具 001
1.1.3 H5案例展示 002

1.2 iVX工作流程 004
1.2.1 准备工作 004
1.2.2 新建应用 004
1.2.3 界面 007
1.2.4 父子对象 008
1.2.5 项目实训：翻页 009

1.3 前台布局 012
1.3.1 常用布局组件 012
1.3.2 项目实训：自适应网页 015

1.4 常用素材组件 018

1.5 拓展训练 023

1.6 本章小结 024

第2章 交互基础 025

2.1 事件 025
2.1.1 事件概述 025
2.1.2 项目实训：活动报名表 027

2.2 轨迹 032
2.2.1 轨迹与关键帧动画 032
2.2.2 时间轴 033
2.2.3 项目实训：切西瓜 034
2.2.4 项目实训：冰冻果汁 037

2.3 计数器与条件容器 040
2.3.1 计数器 040
2.3.2 条件容器 041
2.3.3 项目实训：按住1秒钟 041
2.3.4 项目实训：色觉游戏 044

2.4 触发器 047
2.4.1 触发器概述 047
2.4.2 项目实训：倒计时 047

2.5 拓展训练 053

2.6 本章小结 054

第3章 动画基础 055

3.1 组件 055

3.2 动效与动效组 055
3.2.1 动效的使用场景 055
3.2.2 动效的添加 055
3.2.3 动效组 057
3.2.4 项目实训：动效果汁 057

3.3 滑动时间轴 059
3.3.1 滑动时间轴概述 059
3.3.2 项目实训：滑动天气 059

3.4 运动与缓动 064

3.5 图片序列与面板 065
3.5.1 图片序列 065
3.5.2 面板 066
3.5.3 项目实训：蓝色星球 066

3.6 画中画 068
3.6.1 画中画概述 068
3.6.2 项目实训：画中画 068

3.7 拓展训练 071

3.8 本章小结 072

第 4 章 全景与 3D 世界 073

4.1 全景 073
4.1.1 全景概述 073
4.1.2 项目实训：720° 全景风光 074
4.1.3 全景视频 082
4.2 3D 世界 083
4.2.1 3D 世界概述 083
4.2.2 项目实训：3D 邀请函 084
4.3 拓展训练 088
4.4 本章小结 088

第 5 章 物理世界 089

5.1 物理世界概述 089
5.1.1 项目实训：小熊滑滑梯 091
5.1.2 项目实训：飞机大战 093
5.2 拓展训练 101
5.3 本章小结 104

第 6 章 数据库与服务 105

6.1 数据库 105
6.1.1 数据库概述 105
6.1.2 项目实训：简易表单提交 107
6.1.3 项目实训：数据库抽奖 113
6.2 用户数据库 126
6.2.1 用户数据库概述 126
6.2.2 项目实训：手机短信验证注册与登录 127
6.3 微信注册与登录 135
6.3.1 微信注册与登录概述 135
6.3.2 项目实训：微信注册与登录 137
6.4 拓展训练 139
6.5 本章小结 139

第 7 章 适配 141

7.1 适配概述 141
7.1.1 适配的含义 141
7.1.2 设备像素比（DPR）......... 141
7.2 iVX 中的屏幕适配 142
7.2.1 设备适配 142
7.2.2 前台适配 142
7.2.3 排版容器 144
7.2.4 横幅 145
7.3 横屏适配 146
7.3.1 项目实训：设备适配 148
7.3.2 项目实训：视频真横屏适配 150
7.4 拓展训练 154
7.5 本章小结 154

第 8 章 H5 创意设计 155

8.1 H5 作品的分类 155
8.2 H5 作品的设计原则 155
8.2.1 交互作品量表 155
8.2.2 H5 作品创作的一般性原则 156
8.3 H5 作品的设计流程 156
8.3.1 版面设计 157
8.3.2 交互设计 159
8.4 H5 设计常用工具软件 163
8.4.1 设计工具 163
8.4.2 H5 制作工具 164
8.4.3 辅助工具 165
8.5 “大广赛”参赛指南 166
8.5.1 “大广赛”简介 166
8.5.2 “大广赛”互动作品创作要点 167
8.5.3 “大广赛”iVX 平台创作与提交问题汇总 168
8.6 本章小结 172

参考文献 173

致谢 174

第1章 iVX入门

1.1 H5概况

1.1.1 H5是什么

从技术角度来讲，H5是HTML5的简称，即“超文本标记语言”（hyper text markup language）的第五个版本，发布于2008年，至2012年已形成了稳定的版本。HTML5是互联网的新标准，是构建和呈现互联网内容的一种语言方式，被认为是互联网的核心技术之一。

HTML是由Web的发明者Tim Berners-Lee及其同事Daniel W. Connolly于1990年创立的一种标记语言，自创立以来，HTML就一直被用作万维网的信息表示语言，该语言通过标记式（tag）的指令，将影像、声音、图片、文字动画、影视等内容通过浏览器在跨平台的不同终端上显示出来。

与传统的技术相比，HTML5有两大特点：首先，强化了Web网页的表现性能；其次，追加了本地数据库等Web应用的功能。这些改进极大地提升了Web在富媒体、富内容和富应用等方面的能力，使得许多原来只能通过下载安装到本地运行的软件，可以完全或者部分在浏览器端使用，这种即用即走的“轻应用”也被称为“Web App”，成为网络应用的一种新形式，受到普遍欢迎。

从应用角度来讲，大多数情况下我们所说的“H5”是指一种区别于静态网页的互动性更强的网页，它通过计算机或者移动端的浏览器来访问，表现为交互式的网页应用，可用于信息展示、网络营销、小游戏、VR（虚拟现实）、信息管理系统等场景。

1.1.2 H5编辑工具

超文本标记语言具有简易性、可扩展性、跨平台性、通用性的特点，这就使得其文档制作不是很复杂，但功能强大，支持不同数据格式的文件镶入，这也是万维网（WWW）盛行的原因之一。虽然相比其他计算机语言，HTML较为简单，但对于非专业人士来说仍然需要一定的编程基础。HTML其实是文本，通过浏览器的解释才能呈现出丰富多彩的互联网世界。早期的程序人员就是直接使用纯文本编辑工具来创建网页的，实际上今天我们仍然可以使用操作系统自带的文本编辑工具或者 Word 等文本编辑软件来编写 HTML 网页和应用，只要内容符合 HTML 规范，并以 .htm 或 .html 作为扩展名保存，就可以使用任何浏览器打开这个网页。随着互联网的普及，普通用户创建 HTML 文档的需求不断增强，一些所见即所得（what you see is what you get，WYSIWYG）或半所见即所得的 HTML 编辑器应运而生。这些编辑器专为开发 HTML 而设计，通过图形化的界面和直观的结果展示降低了 HTML 的开发门槛，更易被普通用户使用。其中有诸如 eWebEditor 这样的在线编辑工具，也有诸如 Sublime Text、Dreamweaver 等安装在本地使用的离线软件。

近年来，国内的 H5 在线制作工具层出不穷，如 MAKA、易企秀、Epub360、Mugeda 等，满足了不同人群的需求。其中，iVX 是国内首个通用无代码开发平台，支持一键发布为各系统应用，如网页应用、iOS/Android 应用、桌面应用、小程序和小游戏等；支持全场景应用开发，包括电商、财务系统、表单、工作流、任务管理、BI（商务智能）、OA（办公自动化）系统、工业物联网、游戏、网站、视频应用、IM（即时通信）等。良好的易用性、强大的功能加上高可拓展性，还有独树一帜的应用市场，使得 iVX 在众多 H5 开发工具中独具特色。本书中的所有案例均在 iVX 中开发完成。

1.1.3 H5 案例展示

H5 的应用非常广泛，但总体来说可以分为展示型和功能型两类。前者包括了常见的信息类网站、交互动画、交互视频、全景、虚拟现实 / 增强现实（VR/AR）等，这类应用以传播信息为主要目的，内容策划、美工、信息质量是其成功的关键。后者包括各类小程序、表单、管理系统、财务系统等，这类应用以实现实用性功能为目的，注重易用性和效率。

网易娱乐出品的《娱乐圈画传 2019》（见图 1-1）以 H5 交互动画的方式盘点了 2019 年国内娱乐圈的热点事件，制作精良的国风动漫加上犀利的点评和妙趣横生的交互创意，使得这件作品一经推出就成为当年的“爆款”。

图 1-1 《娱乐圈画传 2019》（网易娱乐[①]）

① 访问地址：https://wp.m.163.com/163/page/ent/ent_painting2019/index.html?f=qr。

另外，此处也列举了2020年和2021年“全国大学生广告艺术大赛”（简称“大广赛”）互动类一等奖作品，如图1-2和图1-3所示。

图 1-2　哇哈哈苏打水：《极致味道实验室》
（齐鲁工业大学，柳翠姗、程晓玉）

注：2020年第12届“大广赛”互动类一等奖。[①]

图 1-3　爱华仕箱包：《我的甜度人生》
（郑州工程技术学院，杨文帅）

注：2021年第13届“大广赛”互动类一等奖。[②]

简易版人事管理系统Demo展示如图1-4所示。

图 1-4　简易版人事管理系统（iVX 官方 Demo[③]）

① 访问地址：https://file3f8e0acf1aa3.vrh5.cn/v3/idea/EnJktfEv。
② 访问地址：https://file12c5938ad426.vrh5.cn/v3/idea/b6p6A2q5。
③ 访问地址：https://filea67c94ca42f6.v4.h5sys.cn/play/KpVvJIUP?code=091rbRFa1C0nmF0oQzHa1Ke6OI1rbRFX&state=chm6jcumc44c8697alg0。

1.2 iVX 工作流程

1.2.1 准备工作

iVX 是一款基于浏览器的在线 H5 编辑工具，因此不受操作系统及软件的限制，只要安装有浏览器等可以上网的设备均可使用。但是，由于操作系统和浏览器的版本众多，可能会导致使用过程中出现部分兼容性问题。因此，我们强烈建议读者安装使用 Chrome 浏览器，并在计算机上使用 iVX，以保证与本教程的一致性。

安装好 Chrome 浏览器后打开 iVX 官网（https://www.ivx.cn/），[①] 单击窗口右上角的“登录 / 注册”按钮，关注官方微信公众号可快速完成注册和登录，登录成功后点击页面右上角的“进入编辑器”按钮可以看到“新建应用”窗口，关闭“新建应用”窗口，可以进入“工作台”页面（见图 1-5）。工作台类似于计算机端的桌面，在这里可查看所有已经完成或者仍在开发的应用。

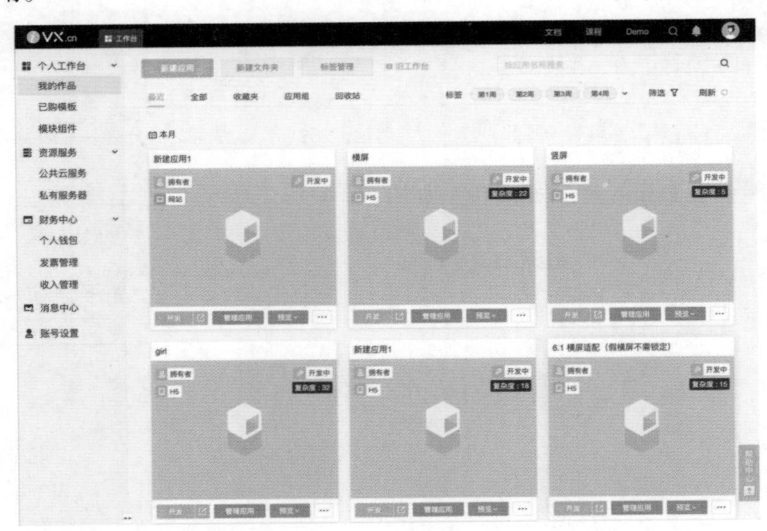

图 1-5　工作台

1.2.2 新建应用

单击工作台左上角“新建应用”按钮，进入新建应用窗口（见图 1-6），用户需根据开发需求选择“应用的类型”和“应用的场景”，其中“应用的类型”包括默认的“Web（相对定位）”“Web（绝对定位）”“微信原生小程序”三个选项，“应用的场景”包含“尝

① Chrome 浏览器默认使用谷歌搜索引擎，导致在国内网络环境下可能无法访问网络，用户可在浏览器菜单“设置 / 搜索引擎”中修改默认搜索引擎，以便正常上网。

试初学”等多个界面组件的配置选项。

应用一旦创建后，就不能改变应用类型和定位方式，因此用户需要在开发之前就决定好需要创建的应用类型。

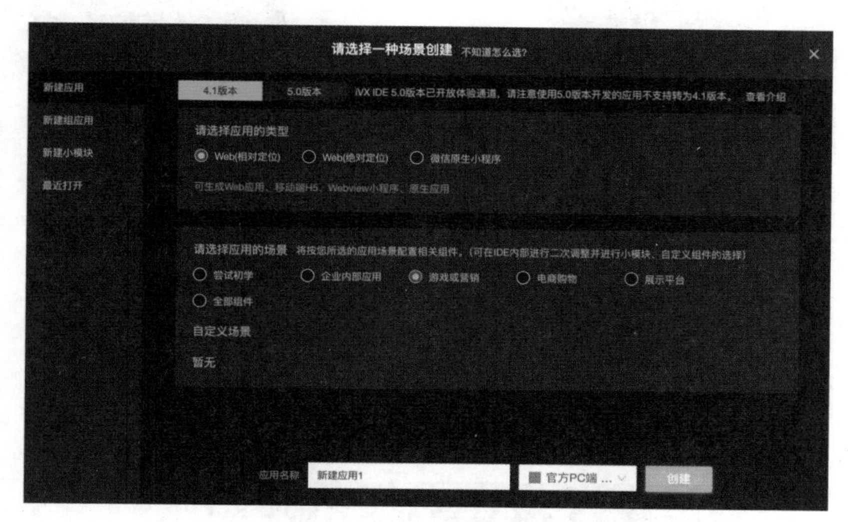

图 1-6 应用类型

本书中的应用均使用“Web（相对定位）”或“Web（绝对定位）”应用类型开发，此类型的应用本质即网页应用，可以发布为纯网页应用（即H5网页），或通过iVX平台提供的打包服务打包为各种小程序（目前支持微信、支付宝、钉钉）以及原生应用（iOS、Android以及Windows/Mac）。无论是小程序还是原生应用，iVX平台的打包服务都是通过WebView（浏览器嵌入）的方法，将我们制作的页面嵌入其他应用中。同时，iVX提供了各种系统接口层，可以让用户在应用中调用小程序或原生应用提供的接口，如地理位置、设备接口、文件接口等。

用户可在应用的类型中选择“Web（相对定位）”或“Web（绝对定位）”两种前台布局类型。应用的类型决定了应用中所有元素的定位和对齐方式，一旦进入编辑器界面将无法更改。而应用的场景仅是根据开发偏好对编辑器界面中组件工具的个性化组合显示，可以随时通过点击组件工具栏上方的“更多组件”按钮修改（见图1-7、图1-8）。本教材默认使用“游戏或营销”应用场景开发，如读者在编辑器界面中未能找到教材中所示的工具组件，可通过上述方法打开更多组件窗口自行配置相应工具是否显示，后文不再另行说明。

（1）相对定位： 利用这种布局开发的页面也称为“流式布局”，是一种等比例缩放布局方式，本质是在CSS代码中使用百分比来设置宽度，也称为“百分比自适应布局”。这种页面中的内容会根据浏览器页面的大小自动缩放，对跨设备和平台的响应更好。如今，多数以图文为主的主流网站都使用这种方式布局。在“相对定位”布局下，前台和页面默认为相对定位环境，页面中的元素根据父级容器设置的对齐方式及自身的边距来定位，编辑时无法使用鼠标任意摆放对象的位置。

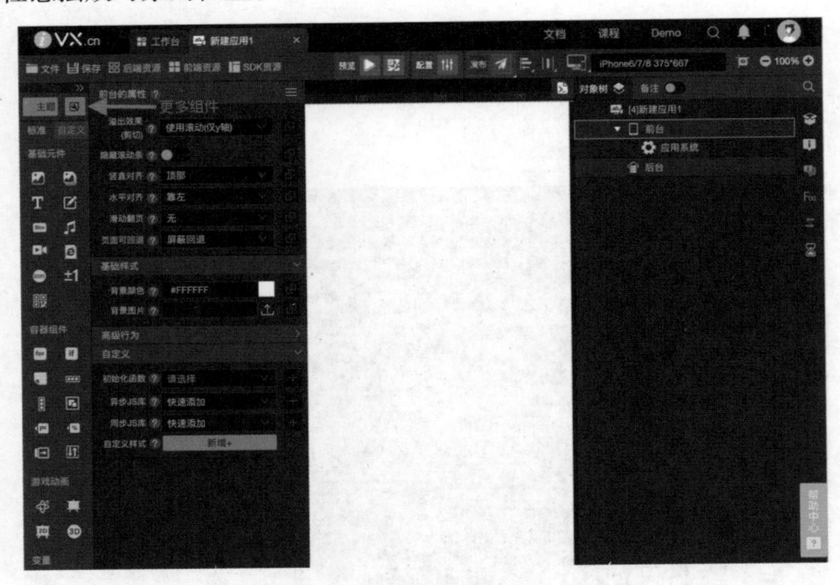

图 1-7　更多组件按钮

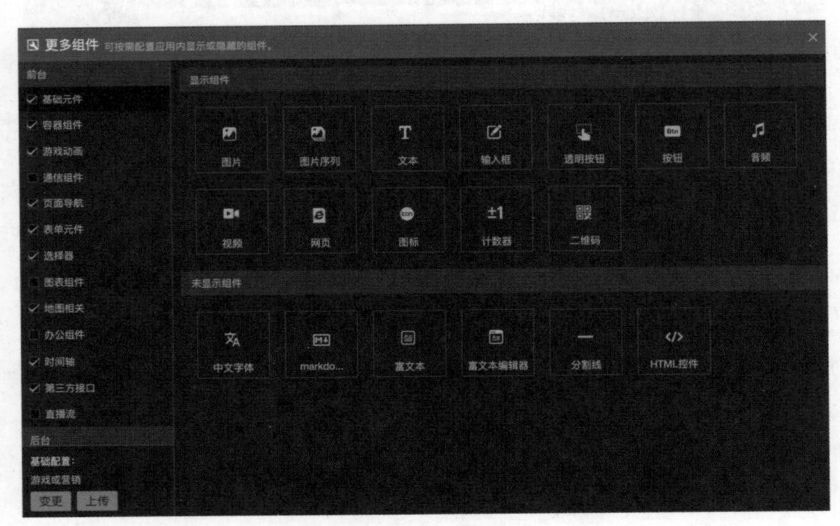

图 1-8　更多组件窗口

（2）绝对定位： 在此种布局下，前台和页面默认为绝对定位环境，即由用户手动指定每个对象的位置。其操作方式与 Photoshop 类似，页面元素的位置由以前台左上角为原点的二维坐标系确定，因此无论浏览器大小如何，都不影响页面内对象的位置和缩放。

"相对定位"布局多用于门户网站、论坛等以图文内容为主的应用，这些应用的版式相对固定，但内容经常变化，需要在不同大小的浏览器中均能保证用户方便阅读主要内容。"绝对定位"布局多用于动画、视频、游戏等场景，这些应用中的素材大小相对固定，不正确的缩放会导致版式和功能混乱，如图片或视频的拉伸、按钮错位等，所以各元素的位置和大小固定不变，不会随着浏览器大小而变化。用户可根据自身需求自主选择前台的布局类型。

无论是“绝对定位”还是“相对定位”，默认创建时，窗口大小都为 375×667，即 iPhone 6/7/8 的逻辑分辨率大小（关于分辨率与适配问题，可参看本书第 7 章内容）。用户可以通过菜单栏右侧的分辨率切换窗口，将项目调整为电脑或 iPad 大小，来制作相应场景的应用。

1.2.3 界面

选择完开发环境后，单击“创建”按钮即可进入编辑界面。界面分为六大区域，分别是窗口上方的菜单栏，左侧的组件工具栏和属性面板，右侧的对象树和逻辑工具栏，以及中间的前台（见图 1-9）。

图 1-9　编辑界面

（1）前台：前台也称为舞台或编辑器窗口，可以类比为 Photoshop 等主流图像处理软件中的“画布”，它定义了项目的编辑区域，所有的编辑和创作都在这一区域完全可视化地进行。

（2）菜单栏：前台上方是菜单栏，其左侧有“文件”下拉菜单，包含新建、另存、导入等文件相关功能，以及前端资源、后端资源、SDK 资源；菜单栏中部是“预览”、“发布”和“配置”按钮；右侧为历史记录、对齐及前台大小调整等工具。

（3）组件工具栏：前台左侧长条形的窗口是组件工具栏，每个小图标就是一个“组件”。组件是 iVX 中最为核心的元素，所有交互、动画、数据都需要以组件为基础，通过组件的组合和编排来完成。有些组件可以容纳媒体素材，例如，图片组件，需要为其指定图片素材；音频组件，需要指定音频素材。组件工具栏按照组件功能被划分为若干区域，包括系统组件、媒体组件、数据组件、通信组件等。组件工具栏有“精简”和“完整”两种模式，可以通过单击左上角的“折叠 / 展开”按钮，在精简和完整模式之间切换。前台和后台对应不同的组件，依照选取的案例类型、开发环境和排版方式的不同，系统将自动加载匹配的组件，组件类型和用法可能略有差异。用户可将鼠标悬停在任意组件上方查看相应的帮助文档。

（4）属性面板：选中对象树 / 前台中的对象，在前台左侧会出现其对应的属性面板。属性面板是对象进行属性设置的重要窗口，不同的对象有不同的属性参数。

（5）对象树：前台右侧是对象树窗口，案例中的素材和对象都在这里显示，用户可以在这里选择不同的对象，调整属性或者添加事件，也可以调整对象之间的层级关系，更换素材，复制、粘贴和重命名对象等。对象树包含前台和后台两部分，前台的对象大多会显示在用户界面中，后台的对象是数据库、变量、服务等功能性组件，不会直接显示在用户界面上，只能通过绑定前台 UI、查询等方式调用。

（6）逻辑工具栏：对象树右侧的条状窗口是逻辑工具栏，包含事件、动作组、函数、服务等与逻辑功能相关的工具。

1.2.4 父子对象

父子关系是 iVX 中的一个基本概念，指的是两个对象之间的一种单向影响的关系。当两个对象建立父子关系后，父对象的属性会影响子对象，但子对象的属性不会影响父对象。例如，移动父对象时子对象会同步移动，但移动子对象时父对象不会受影响。又如，制作包含多个素材的动画时，往往在给部件添加动画的同时，也要给整体添加动画，这时可以使用各类容器（对象组、对象容器等）将多个部件整合为一个大的父对象进行操作。

iVX 包含了一些默认的父对象，可以在对象树中看到。一级父对象是应用，即对象树最顶端的应用名称，用户可以在这里设置编辑窗口的大小和移动端适配规则。二级父对象包含“前台”和“后台”两个对象。前台中可以放置页面，页面中可以放置各类子对象。后台中可以放置各类数据库、服务、变量等组件。

翻页和对齐均为父对象的动作和属性，因此影响的是其子对象。也就是说，一个页面自己不能设置自己翻页，必须选择其父对象“前台”来实现翻页。同样，要更改一个对象在页面中的对齐方式，需要更改其父对象的属性，而不是自身的属性。修改对象自身的对齐属性并不会改变自己的对齐方式，而是影响其子对象的对齐方式。这一点与 Photoshop 和 Word 等软件直接调整自己的对齐方式有很大不同，初学者需要特别注意。

前台中各对象的显示顺序和排列方式与父子对象的属性设置有关，总体来说遵循以下规则。

（1）页间顺序：如果前台下有多个页面，会按照从下到上的顺序显示，即最下面的页面是首页。

（2）页内顺序：在绝对定位环境下，页面中的元素如果重叠则会互相遮挡，对象树上方的对象会遮挡下方的对象；在相对定位环境下，如果没有调整各对象的边距，所有对象按照父对象的对齐方式在页面中从上到下排列，不会互相遮挡。

1.2.5 项目实训：翻页

本项目实训如图 1-10 所示。

★项目概述：利用按钮单击事件制作翻页效果。

★技能要点：熟悉 iVX 的界面及工作流程。

★开发步骤：

（1）安装 Chrome 浏览器。

（2）注册 iVX。

（3）登录 iVX。使用浏览器打开 iVX 首页并登录，单击右上方的“工作台”按钮进入工作台。

（4）新建应用。单击工作台左上方的“新建应用”按钮，选择默认的“WebApp”和“相对定位”环境，将应用名称改为“翻页”，单击“创建”按钮进入编辑界面。

（5）新建页面。在对象树中选择“前台”选项，在工具栏中单击“页面”工具两次，创建两个页面（见图 1-11）。

（6）新建按钮。分别在两个页面中单击“按钮”工具（见图 1-12），各自创建一个按钮，并在按钮的属性窗口中分别命名为“下一页”和“返回首页”（见图 1-13）。

图 1-10　翻页[①]

图 1-11　新建页面

图 1-12　新建按钮

① 访问地址：https://file9e17b2b47d37.v4.h5sys.cn/play/pyxjxwlC?code=061l0u0w3aOdH03N2s3w3xUwia0l0u0C&state=chm6k73jq8qupi0612b0。

（7）居中按钮。分别选中两个页面，将“竖直对齐”和“水平对齐”都设为“居中”（见图 1-14），让两个页面中的按钮都显示在前台中央。

（8）添加翻页事件。选择页面 1 中的“下一页”选项，单击逻辑工具栏中的“事件”按钮（图 1-15），给按钮添加翻页事件。系统弹出事件编辑窗口，设置触发条件为“点击”，目标对象为“前台”，目标动作为“跳转到下一页”（见图 1-16）。

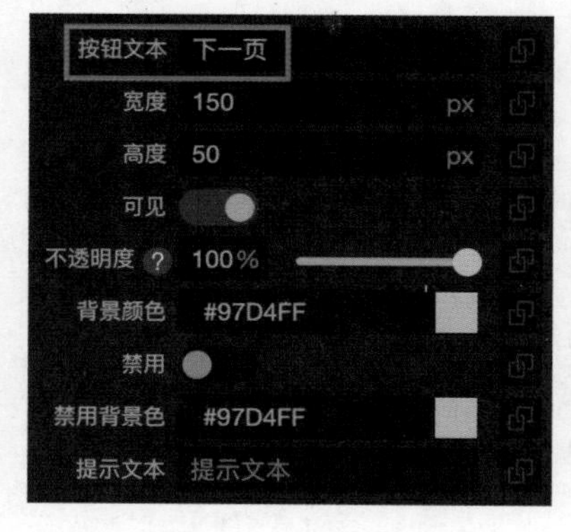

图 1-13 命名按钮

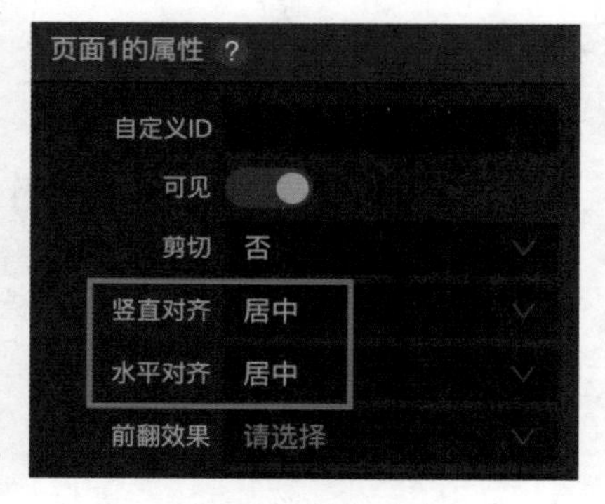

图 1-14 按钮对齐

提示

翻页是前台的一个动作，不是页面的动作。想让案例从一个页面跳转到另一个页面，需要设置目标对象为“前台”，动作为“跳转到下一页”。

（9）添加返回事件。使用相同的方式给页面 2 的“返回首页”按钮添加“跳转到页面”事件，并指定页面为“页面 1”（见图 1-17）。

图 1-15 添加事件

图 1-16 跳转到下一页事件

（10）预览。在前台或对象树上单击返回编辑界面，单击菜单栏中部的“预览”按钮（见图 1-18），浏览器将打开新的窗口显示“页面 1”，单击“下一页”按钮可以跳转到“页面 2”，单击“返回首页”按钮可以回到“页面 1”。

（11）发布。预览测试无误后，单击前台上方的“发布”按钮（见图 1-19），可以在下拉菜单中选择需要的发布平台，本书中的发布如未做特别说明，均使用“Web”方式发布。

用户可在发布窗口中添加简介、标签、加载图片或自定义域名和背景色等。设置完成后单击“下一步”按钮，系统会显示应用大小、复杂度等信息，单击“确定”按钮后系统开始打包应用，完成后提示“发布完成”。

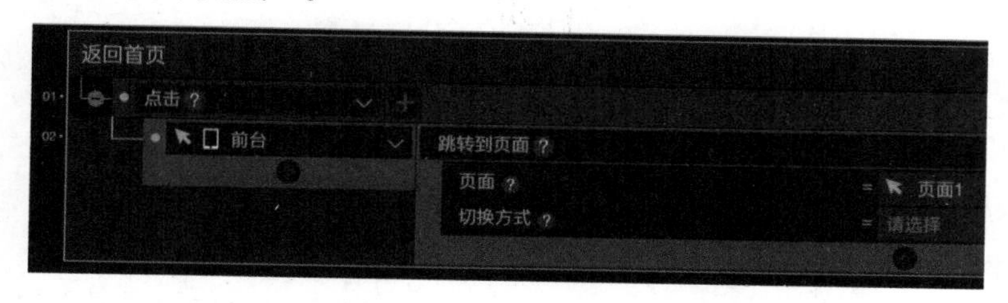

图1-17 跳转到首页事件

图1-18 预览

（12）上架。返回工作台，可以看到刚才发布的应用排在左上角第一个位置。在缩略图底部的“预览”菜单中可以查看“预览版”及“发布版”的链接和二维码。如果应用需要长期公开访问，应点击“管理应用”按钮（见图1-20），在应用管理窗口中点击右侧的“上架/更新”按钮，填写相关信息后点击“确认并上架”按钮上架。上架应用类似于将自己的应用提交到苹果的App Store或安卓的应用市场，上架后的应用将托管在iVX公有云服务器，供全网用户访问，并根据应用复杂度和访问情况持续收费。上架应用时开发者需要登记实名信息。

图1-19 发布

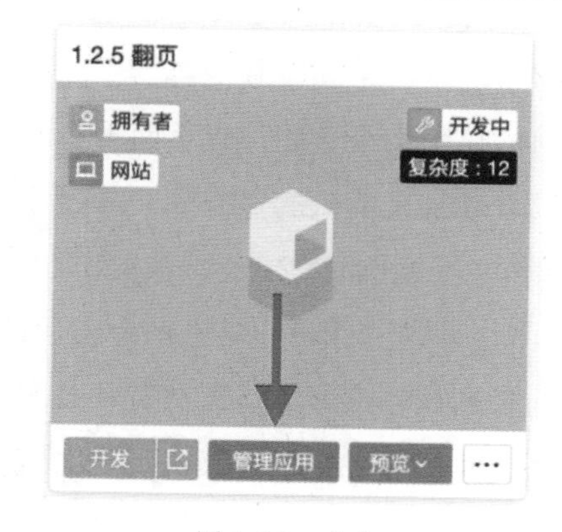

图1-20 上架

提示

从2023年3月20日起，iVX的收费方式发生变化，取消了原预览免费的方式。除私有部署的应用版本以外，用户开发的应用将在接口/服务调试、预览版、发布版和上架版访问时按实际使用量从账号余额或作品钱包余额中扣费，具体收费方式可查看官网通告。

1.3 前台布局

1.3.1 常用布局组件

Web环境中常用的布局组件有前台、页面、容器和对象组、行与列、层、面板、横幅、页面容器、相对定位与绝对定位布局等。

（1）前台：iVX的应用采用了前台和后台分离的架构策略，所以，无论哪种应用类型，在创建应用时都会默认添加好前台和后台。前台主要用于制作各种用户直接接触的可视化部分、添加UI、实现UI的各种交互逻辑；后台则负责各种服务逻辑和数据库的搭建维护。前台作为其他对象最顶层的父对象，不能删除和添加，是对象可视化编辑的重要区域。不同应用的前台会有所不同，其中，小游戏比较特别，它的前台是一个画布；小程序和网页/H5的前台功能则基本类似。作为最顶层的父对象，前台的宽和高一般默认为100%，占满可视窗口。同样，前台的背景图片和背景色也是整个应用的背景图片和背景色，任何后添加的组件都是在前台的宽和高范围内，也是添加在前台的背景之上。

（2）页面：页面是一种分页单元，能把某个区域分为多个互相层叠的页面，进行翻页展示。页面作为案例的基本结构单元，通过合理布局可优化案例展示结构，使得内容更有条理。只要案例不止一个内容模块，就可以使用页面进行区分。页面通常添加在前台下，添加多个页面相当于添加多个场景。不同于其他容器，同一层级的页面一次只能显示一个页面，且页面本身没有大小的设置，其自动继承前台的宽与高。需要注意的是，我们在制作一个案例时，一定要养成好习惯：在前台下添加页面，不能让组件直接在前台上运行。自动模式下，前台的宽和高即浏览器的宽和高。在使用相对定位环境时，如果使用计算机观看案例，页面的大小也会根据窗口变化；而使用绝对定位环境时，页面大小固定不变。如果浏览窗口小于原始页面大小，超出部分是否显示有多种控制方式，可以通过设置页面的“溢出效果（剪切）”属性完成（见图1-21）。

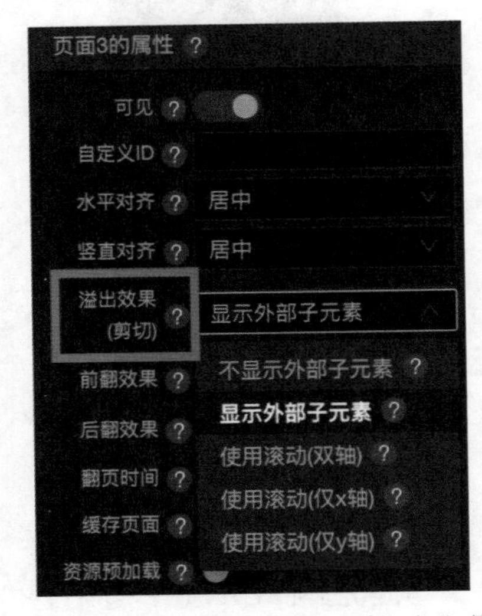

图1-21 页面的“溢出效果（剪切）”属性

（3）容器和对象组：容器和对象组两者极其相似，都用于管理对象，经常用于制作组动画。两者最大的区别是，添加对象组时，可确定对象组的范围，而容器只是一个点。利用对象组的边界，可以设置组内物体的碰撞边界，以此限制子对象的移动范围。容器和对象组均有“剪切”属性，可以控制内部元素超出边界后是否显示。除此之外，还有整体缩放功能，打开整体缩放功能后，可通过改变容器或对象组的大小同步改变子对象的大小。对象组和容器可以添加在大部分容器下，如普通的前台、页面、画布和 3D 世界。但在相对定位容器下不能直接添加对象组或容器，需在相对定位容器下先添加绝对定位容器，然后才能添加对象组或容器。

(4) 行与列：行与列都是相对定位容器，允许内部元素横向或纵向排列并自动换行。常用于实现响应式布局、多终端页面的建构。行与列可以嵌套使用，配合边距调整可以实现复杂的响应式版面布局。

(5) 层：层在 iVX 工具中充当容器的作用，是一个自动跟随父对象大小变化的容器。当对层的父对象进行缩放、添加背景色时，层也会随之改变。层常用于屏蔽在苹果手机的微信中打开案例时会弹出的“长按保存图片”按钮。

(6) 面板：面板可以使子对象局部地显示在面板区域，且可通过滑动完整地展示子对象，所以面板常用于长页面的制作。使用面板时如果只需要对子对象纵向地滑动展示，则要确保子对象的宽不会超过面板的宽。面板属性中滑动边界值的大小，决定了浏览案例时滑动到边缘时弹性效果的大小。

(7) 横幅：横幅可在页面滚动时保持自身及其子对象的固定位置，可用于制作悬浮式按钮或者简单的适配效果，如制作始终置底的菜单栏。

(8) 页面容器：页面容器可以装载多个页面，用于实现幻灯片的切换效果。它通常用于制作简单的横幅，其特点为可以选择页面的切换方式，以及使用滑动切换。页面容器可以添加在各种容器对象下，且页面容器有大小的概念，它的子页面自动继承页面容器的尺寸，所以页面容器可用于制作局部的翻页、滚动等。

(9) 相对定位与绝对定位布局：新建 iVX 作品时，默认的前台分辨率：手机为 375×667，计算机为 1024×768。固定分辨率页面在不同的终端浏览时，由于分辨率的区别，可能导致排版发生变化。例如，在宽度超过默认分辨率的设备浏览时两边会出现空白，而宽度小于默认分辨率的设备则无法显示作品的完整内容。在大多数浏览器中，用户都可以通过拖动滚动条来查看超出边框的内容，但这增加了用户的使用难度，特别是对于首页有重要按钮或者导航栏的网页来说，应该尽量避免这种情况发生。为了给页面内容提供最大的灵活性，目前在网页设计中普遍使用 Flex 布局，即“弹性布局”（也称为“流式布局”或“伸缩布局”）。Flex 在 iVX 中对应 “相对定位”开发环境，是新建 WebApp 的默认选项。可以将相对定位想象成一个矩形盒子，盒子本身的大小随窗口大小动态变化，不论盒子如何变化，其内部的元素始终按照设置好的排列和分布方式排版，从而实现弹性排版的效果。

在新建 iVX 作品时可以选择相对定位环境或绝对定位环境，在相对定位环境中可以通过添加绝对定位容器来使用绝对定位规则；在绝对定位环境中没有相对定位容器，但也可以通过添加相对定位的行和列或横幅来使用相对定位规则。小程序与网站系统类的应用，其容器组件默认使用相对定位规则，即前台、页面、标签页等容器默认为相对定位，但用户可以通过在相对定位环境中添加绝对定位容器来使用绝对定位规则。H5 类的应用，默认使用绝对定位规则，即前台、页面等容器默认为绝对定位，用户也可以通过在绝对定位环境中添加相对定位的行和列来使用相对定位规则。小游戏类的应用，由于是纯画布环境，因此是绝对定位环境，且无法添加相对定位容器。相对定位环境下自动为列的排列方式，即从上到下排列。

在相对定位规则下的素材排列主要是由“排列方法”“上下分布”“左右分布”“多行对齐”4 个属性决定的，排列效果如图 1-22 ～图 1-29 所示。

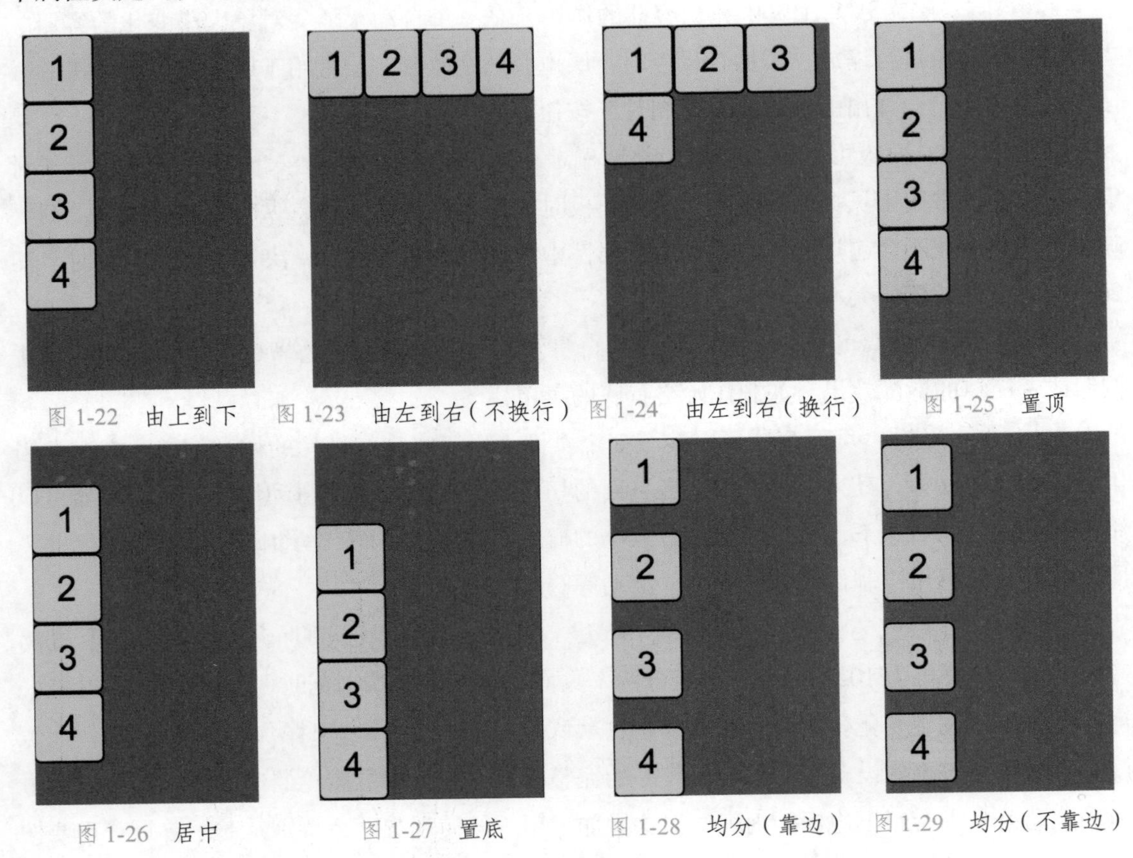

图 1-22　由上到下　图 1-23　由左到右（不换行）　图 1-24　由左到右（换行）　图 1-25　置顶

图 1-26　居中　图 1-27　置底　图 1-28　均分（靠边）　图 1-29　均分（不靠边）

除了上面的 4 个属性，影响元素排列的还有上、下、左、右 4 个“内边距”（见图 1-30），内边距是容器的属性，它影响容器内的元素与容器边缘的距离。多个元素之间的距离可以使用元素自身属性中的“外边距”（见图 1-31）来调整。

相对定位容器可以多层嵌套，产生复杂的排版效果。绝对定位容器只能在相对定位容器内部使用，且不能再次嵌套。在相对定位环境中，用户可以选择行与列容器的“包裹”和“撑开”属性，“包裹”是指内部所有组件的高（宽）之和，“撑开”是指父容器高（宽）

度减去同层元素高（宽）度之和。新添加的对象会从上到下或从左到右自动排列在前台上。在所有的相对定位容器组件中，除了行组件，其他容器下的对象都是从上到下排列的。如果希望对象从左向右排列，则可以添加一个行。

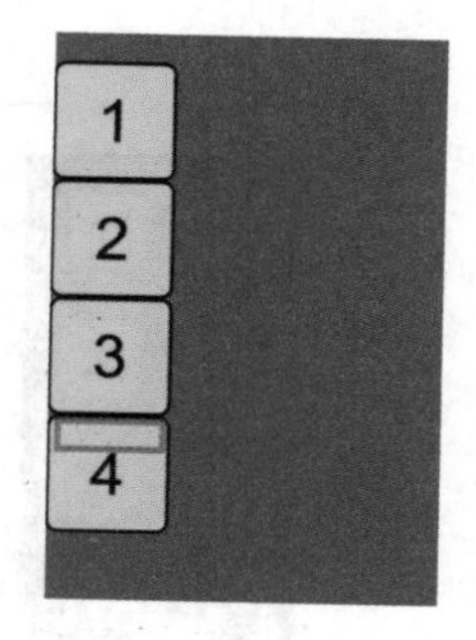

图 1-30　内边距

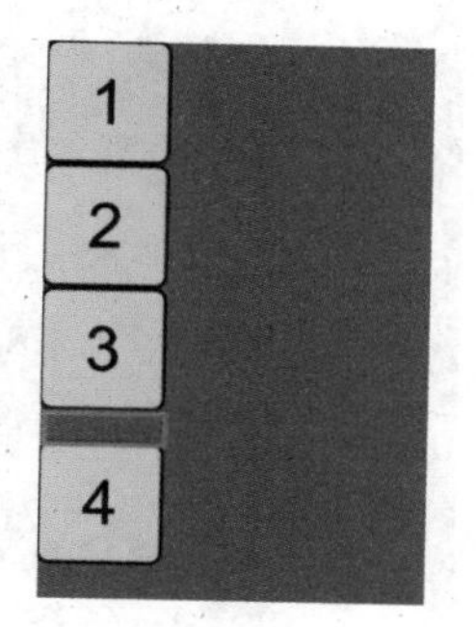

图 1-31　外边距

1.3.2 项目实训：自适应网页

本项目实训如图 1-32 所示。

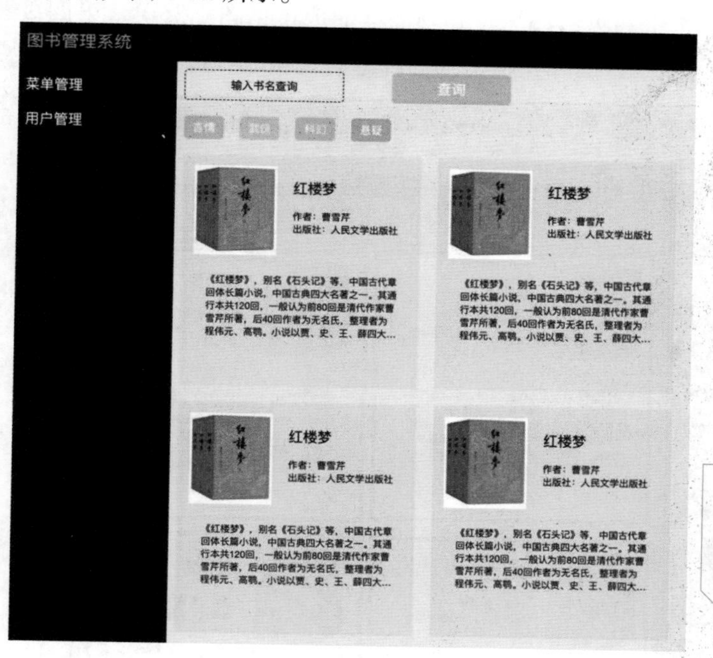

图 1-32　自适应网页（计算机端）①

★项目概述：在相对定位环境下使用行和列以及添加绝对定位容器实现自适应网页制作。

★技能要点：相对定位、行、列。

★开发步骤：

（1）新建应用。新建 WebApp，使用默认的相对定位布局。调整前台分辨率为“电脑 /

① 访问地址：https://file9e17b2b47d37.v4.h5sys.cn/play/FkU7tz3X?code=001UnR1w3TyoG036vB0w3WIWkj0UnR1K&state=chm6m59tv4bultkqhfdg。

小屏 1024×768”（见图 1-33），新建空白页面（见图 1-34）。

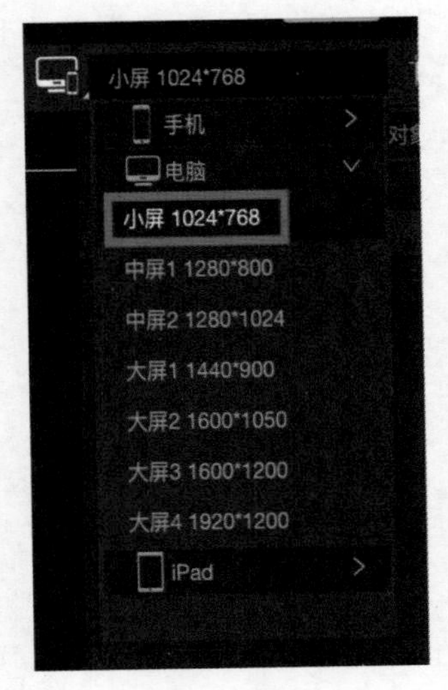

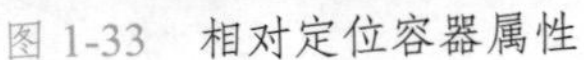

图 1-33　相对定位容器属性　　图 1-34　新建空白页面

（2）分析网页结构。整个网页由四级行和列嵌套而成（见图 1-35），第四级图书卡片为绝对定位容器，其内部的图书封面和介绍文字均以绝对定位方式排列。

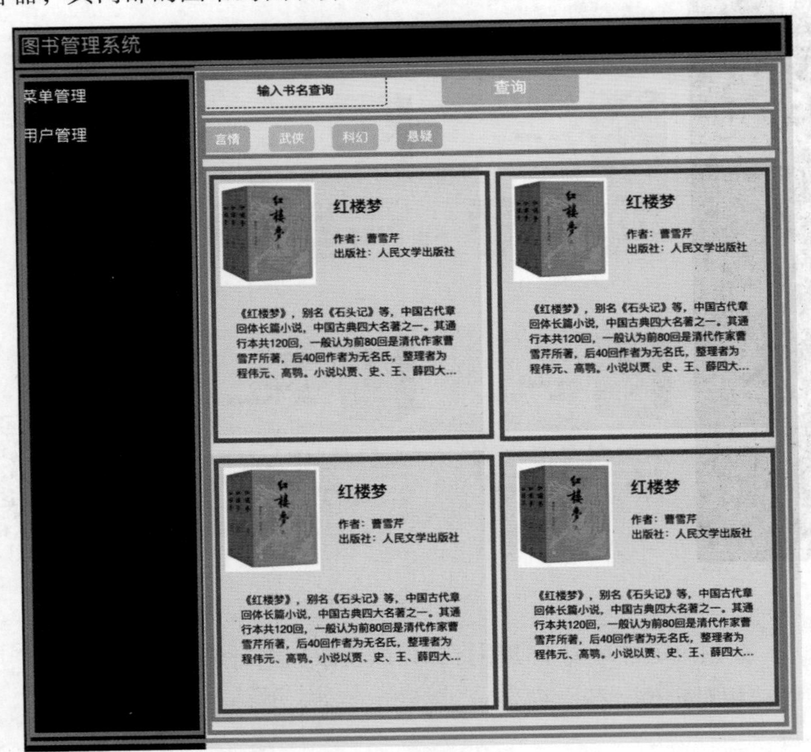

图 1-35　网页结构图

注：红色框为一级行，绿色框为二级列，紫色框为三级行，蓝色框为四级绝对定位容器。

（3）新建行。在页面中新建两个行（见图 1-36），即图 1-35 中的红色框，分别命名为

“标题行”和“图书行”。在默认情况下，新建的行宽度为100%，高度为100 px（见图1-37）；新建的列宽度没有值，高度为100%（见图1-38）。这里的单位有%和px之别。%表示相对宽度，即行占父级对象宽或高的比例，100%表示占满。px是绝对值，不论父级对象的宽和高是多少，都保持不变。这里的%和px是可以手动输入修改的。在宽和高的后面还有“包裹”和“撑开”两个按钮，“包裹”表示宽或高根据内部的对象大小变化，不留间隙；“撑开”表示宽或高根据父级对象的大小变化，可能在内部留出间隙。将“标题行”和“图书行”的宽度均设为100%，并单击“撑开”按钮。设置“标题行”的高度为“包裹”。

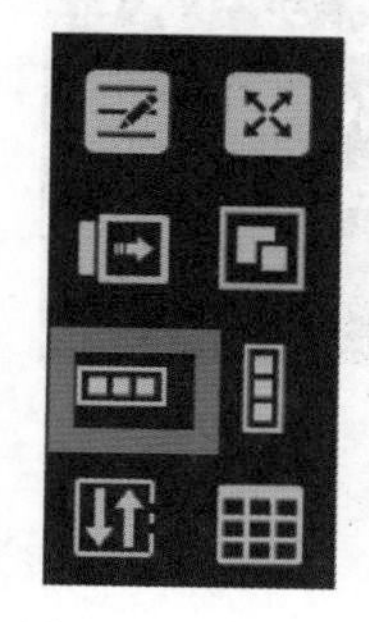
图1-36　新建行

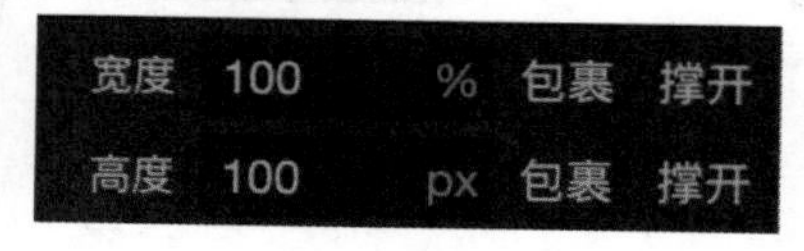

图1-37　默认行的宽和高

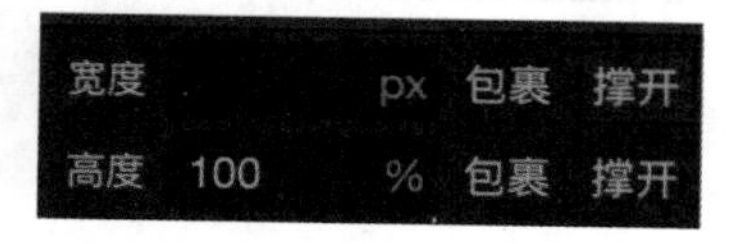

图1-38　默认列的宽和高

（4）输入标题。在“标题行”中使用文本工具输入“图书管理系统”，并调整文本的大小和色彩。在绝对定位环境中，对象的位置由上、下、左、右的内、外边距共8个值来决定。调整文本的上、下和左外边距为10，改变其显示位置（见图1-39）。

（5）添加列。在“图书行”中新建两个列，分别命名为“菜单列”和“图书列”。设置“菜单列”的宽度为200 px，高度为“撑开”。设置“图书列”的宽度为“撑开”，高度为100%。在“菜单列”中输入两个文本“用户管理”和“菜单管理”，并调整位置和大小。在“图书列”中新建3个行，分别命名为“查询行”“标签行”“书籍行”。在“查询行”中新建输入框和按钮，调整边距和大小。在“标签行”中新建4个按钮，并分别命名为“言情”“武侠”“科幻”“悬疑”。在“书籍行”中新建一个绝对定位容器（见图1-40），设置其宽和高均为300 px。设置背景色为淡蓝色，上、下、左、右的外边距均为10 px。

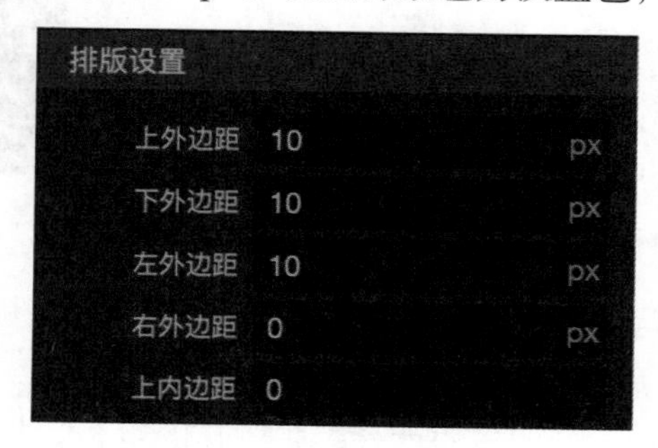

图1-39　标题文本边距

图1-40　绝对定位容器

（6）设置图书签。在绝对定位容器内部插入书籍封面和介绍文字。为书籍简介文本打开换行，设置最大行数为“5”，溢出效果为“显示省略号”，这样简介部分过长的内容会自动处理为省略号（见图1-41）。在“书籍行”中复制若干个绝对定位容器以显示多本书的信息。选择“标签行”对象，设置其剪切属性为“使用滚动（仅y轴）”（见图1-42），这样可以使图书标签在自适应换行时自动隐藏超出行高度范围的内容，使得页面更加美观。

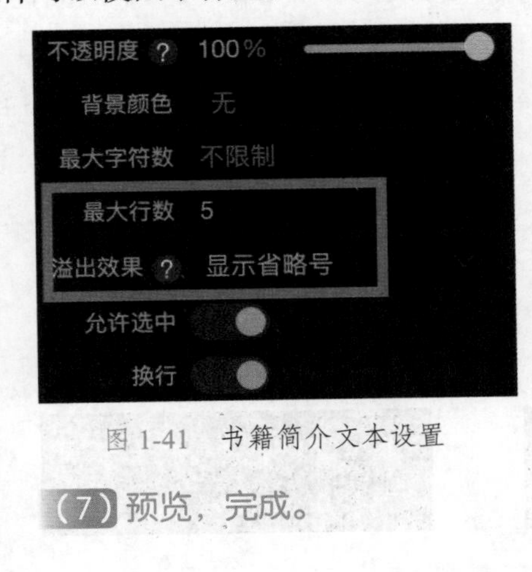

图1-41 书籍简介文本设置

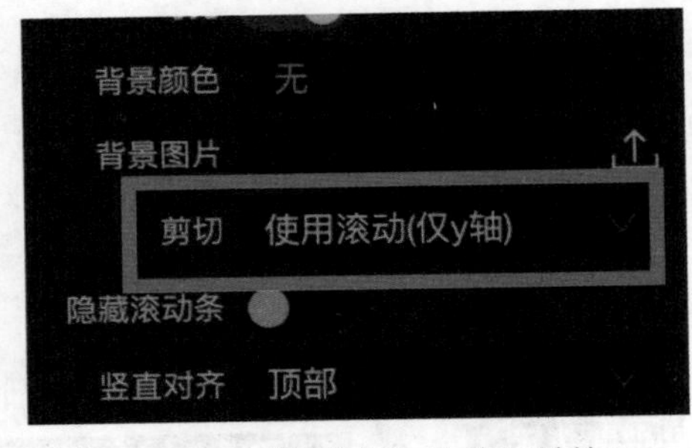

图1-42 “标签行”的剪切属性

（7）预览，完成。

1.4 常用素材组件

1. 图片

iVX图片组件支持jpg、jpeg、png、gif等格式。添加图片有窗口导入和拖曳两种方式。在绝对定位环境中，单击左侧工具栏中的“图片”按钮（见图1-43），鼠标会变成“十”字形，根据所需范围和大小在前台的空白处框选（见图1-44），再在弹出的素材窗口中选择要添加的图片即可。所画矩形框的位置及大小会影响图片的位置和大小，可能导致图片的拉伸；此外，用户还可将要添加的图片直接拖曳进前台（不是对象树），此种方法可一次添加多张图片，所添加图片为图片原始大小。在相对定位环境中，单击“图片”按钮后会直接出现导入窗口，不会要求用户框选范围和大小，导入的图片以原始尺寸出现在页面左上角。添加好的图片都会在右侧对象树中显示，在对象树中可以用类似眼睛的按钮来控制图片或其他素材的显示和隐藏（见图1-45）；需要调整图片属性时，则在对象树或前台中选中目标图片，然后在左侧属性面板中根据需要调整图片的大小、位置、透明度等（见图1-46）。

图1-43 添加图片

2. 图片序列

图片序列组件支持zip、gif格式。图片序列的本质就是多张图片的组合，其添加方式与图片类似，在左侧工具栏中单击“图片序列”按钮（见图1-47）完成添加。gif图片添加进来之后，在属性面板中可以调节自动播放和循环播放方式（见图1-48）。除了基本属性的调整，在图片序列的属性面板中还有“总时长”的编辑功能，可以对图片序列的播放时长进行调整（见图1-49）。此外，在属性面板中还可以对组成该gif的图片列表进行编辑（见图1-50），单击“图片列表”按钮，可改变每一帧的时长比例，对不需要的帧进行删减或者通过长按拖动来改变帧的位置（见图1-51）。

图1-44　在前台中框选范围

图1-45　对象树中图片的显示与隐藏

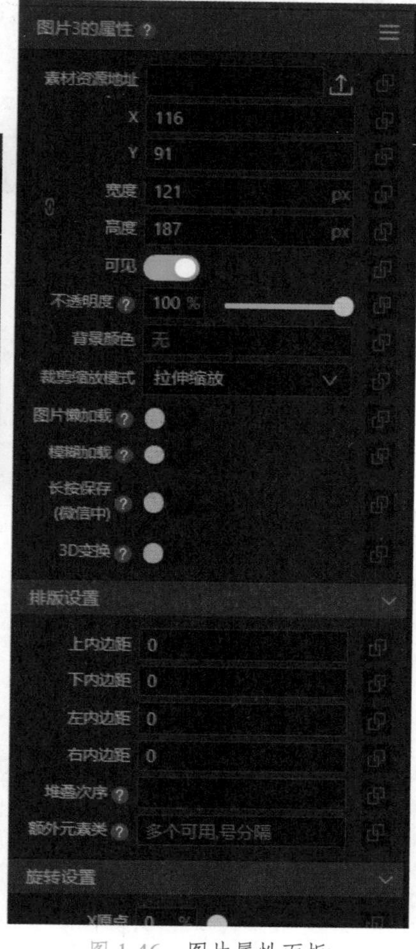

图1-46　图片属性面板

图1-47　添加图片序列

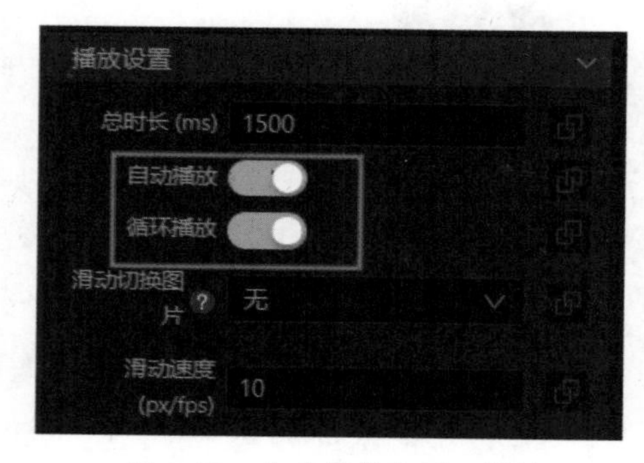

图1-48　自动播放和循环播放

图1-49　调整总时长

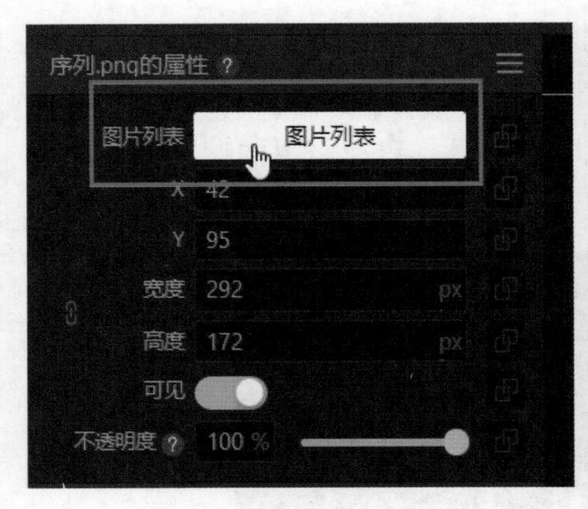

图 1-50　编辑图片列表（一）

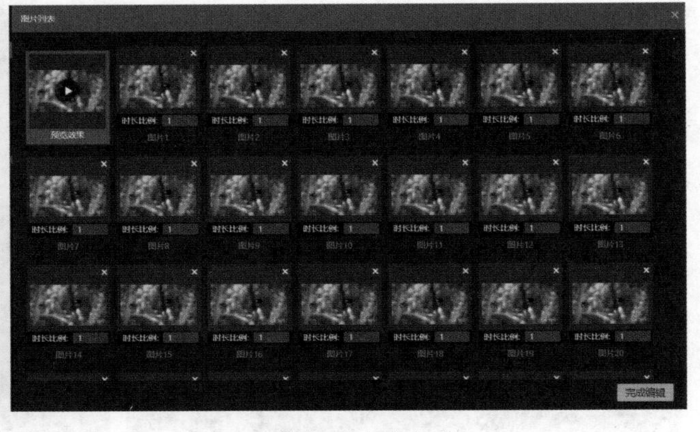
图 1-51　编辑图片列表（二）

提示

有些时候由于手机系统的限制，无法实现视频的某些功能（如自动播放等），可以尝试将视频转换为图片序列以增强视频兼容性。

3. 按钮、透明按钮

按钮（见图 1-52）作为一种基本的交互组件，一般用于直接添加事件来进行某些信息的提交、确认或取消等，其基本触发事件包括单击、长按、手指按下、手指离开等用户行为。按钮具有可定义的外观，包括按钮本身的样式、提示图标样式及提示文字；用户也可删除按钮的背景色并将其作为透明按钮使用。

透明按钮可使用户在特定区域内进行单击，并提供相应的反馈。当用户希望使用图片素材自定义按钮 UI 时，可在其上方添加一层透明按钮，而不使用图片素材自身充当按钮。这样可以避免过于零碎的 UI 组件裁剪和排版。要让用户单击后出现反馈，则需为透明按钮添加事件。在左侧工具栏中单击“透明按钮”按钮（见图 1-53）即可添加组件。透明按钮可以承担以下功能。

图 1-52　添加按钮

图 1-53　添加透明按钮

（1）解决层级关系问题。 当用户需要与一个处于下层层级的组件做交互时，由于其上方可能覆盖了其他对象，无法直接触发。此时可以通过在上层添加透明按钮，在不改变视觉层级关系的条件下实现交互。

（2）优化交互体验。 对于某些尺寸较小、不便触控的交互组件，通过添加透明按钮可以扩大交互区域，优化交互体验。

（3）屏蔽长按保存。 透明按钮作为透明对象，不会触发微信的长按保存功能，尤其适用于进行长按交互。当用户不希望触发该功能时，可以在不影响交互体验的情况下，在组件上方覆盖一个透明按钮，从而屏蔽长按保存功能。

4. 文本、中文字体

文本是 iVX 中最常用的组件之一，主要用于添加文字。在左侧工具栏中单击“文本”按钮即可进行文字添加（见图 1-54）。除了普通的文本组件，iVX 还提供了“中文字体”组件（见图 1-55），其中内置了多种中文字体，用户还可以通过“中文字体”组件上传 ttf 格式的自定义字体（见图 1-56）。“中文字体”组件通过在后台实时将输入的文本转换为图片来显示文字，因此其本质上是图片，而非文本。“中文字体”组件支持在应用运行时动态地赋值。但由于中文字体本质上不是文本，其内容不是通过前端数据实时渲染出来的（而是通过后台生成图片返回），因此，其值不能进行数据绑定，只能通过赋值动作来进行设置。

5. 视频

iVX 支持上传 MP4 格式 H.264 编码的视频，大小在 350 MB 以内。可使用 Adobe Media Encoder 或格式工厂等软件将视频转码为符合要求的格式。如果单个视频过长，超过上传限制，首先可在转码时选择视频的码率和分辨率来控制文件大小，其次可以将视频分割为多个小文件分段播放。单击左侧工具栏中的“视频”按钮即可添加视频（见图 1-57）。

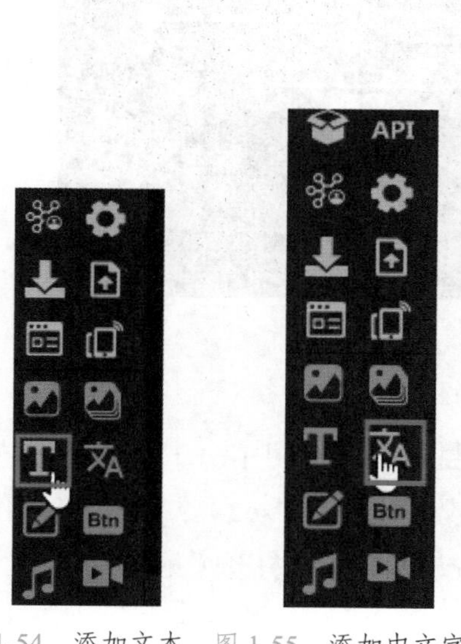

图 1-54　添加文本　图 1-55　添加中文字体

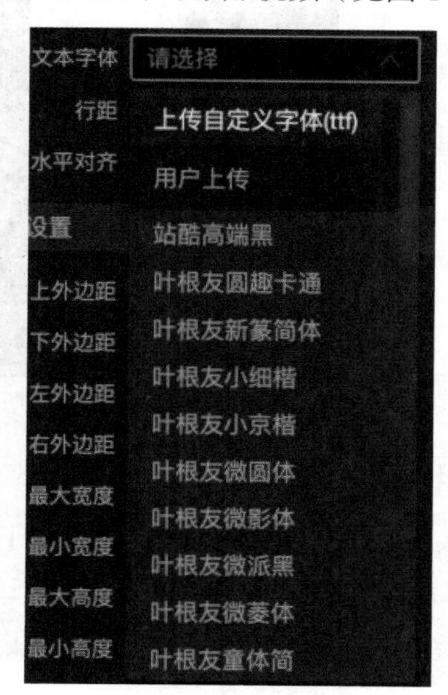

图 1-56　上传自定义字体

图 1-57　添加视频

安卓手机和苹果手机在视频的支持上存在以下区别。

（1）安卓：视频不可自动播放，只能通过点击触发播放。因此需要为视频添加事件来控制视频的播放；视频的隐藏控制条可以设置微信全屏属性；翻页事件可以设置视频结束、退出微信全屏并跳转页面。

（2）苹果：首页视频可自动播放；视频默认无进度条；翻页事件可设置视频结束、跳转页面。

6. 音频

音频对象支持 MP3 格式，大小在 50 MB 以内。在左侧工具栏中单击“音频”按钮即可添加音频（见图 1-58）。若需要作为背景音乐，在属性面板中打开自动播放以及循环播放即可；若有多个音频文件需要自动切换播放，则可添加一个时间轴，并在时间轴上添加事件来控制音频的切换。

7. 输入框

输入框供用户输入信息，可在左侧工具栏中单击“输入框”按钮（见图 1-59）添加。打开输入框属性面板中的“多行输入”按钮，即可输入换行内容（见图 1-60）。在输入框的属性面板中可对输入框的属性进行调整，包括调整输入框的字体样式、提示文字等。

图 1-58　添加音频

图 1-59　添加输入框

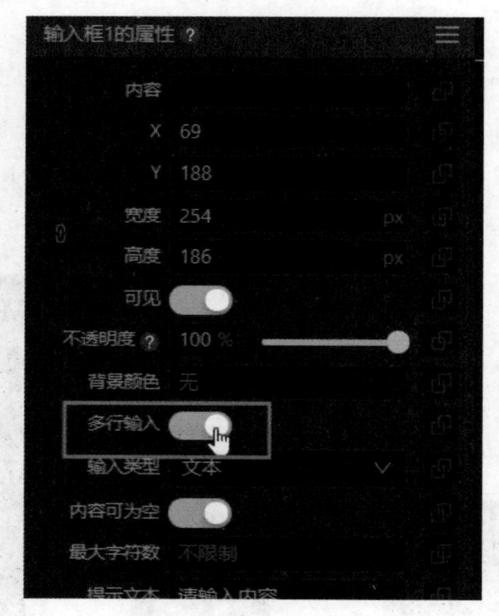

图 1-60　多行输入

8. 二维码

二维码工具可以在作品中生成供手机识别或扫描的二维码（见图 1-61），用户可在二维码属性面板的“二维码数据”栏中输入网址等二维码数据（见图 1-62），如果需要用户在微信中长按识别二维码，可将属性面板中的“允许长按识别”按钮打开（见图 1-63）。

9. 画图

画图工具是在画布容器下用于记录用户交互操作轨迹的一种绘制交互组件，它允许用户在指定区域内通过手指滑动或者鼠标拖曳绘制图像或者擦除图像。画图工具是画布的一个子组件，因此使用时需先添加画布工具（见图 1-64），然后在画布下添加画图工具（见图 1-65）。用户可在画图工具的属性面板中调节画笔的类型、大小和颜色等属性。

图 1-61　添加二维码

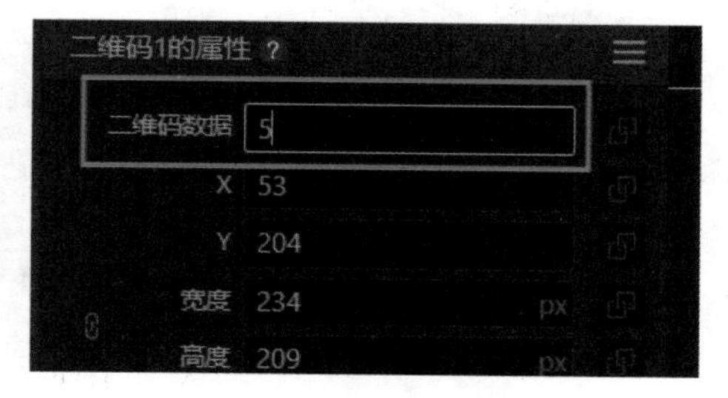

图 1-62　输入网址

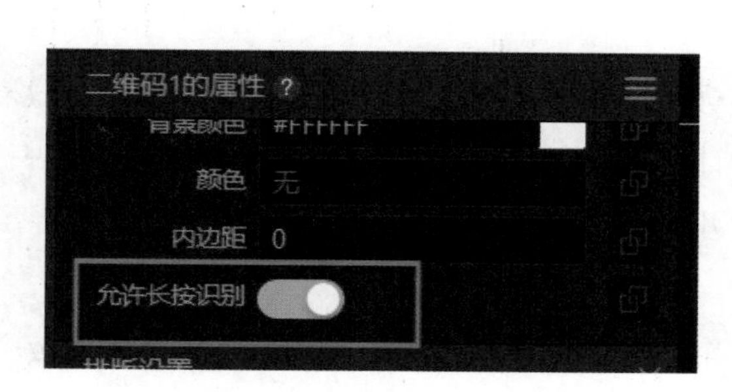

图 1-63　长按识别保存

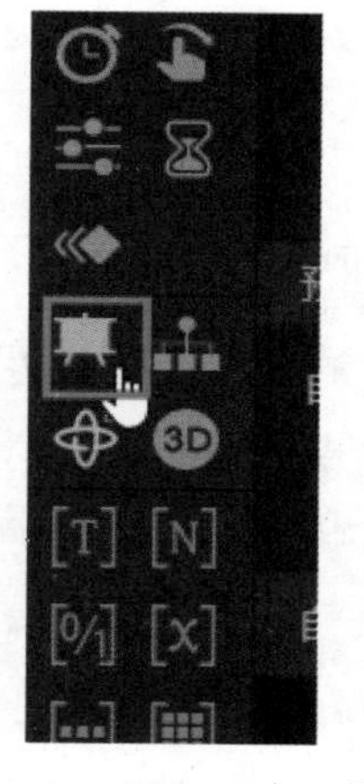

图 1-64　添加画布工具

图 1-65　添加画图工具

1.5 拓展训练

（1）设计一个少儿英语学习界面，要求使用素材组件实现以下功能：点击界面上的各种水果图片，播放对应水果的英语读音。读音部分可采用自己的录音。

（2）设计一个企业年会的邀请函，要求使用素材组件实现以下功能：在第一页中告知年会基本信息，包括主题、地点、时间；在第二页中请参会人员输入个人信息，包括姓名、电话；在第三页中留下企业的微信公众号二维码。

（3）仿照 iVX 的工作台页面，制作一个自适应网页（见图 1-66）。

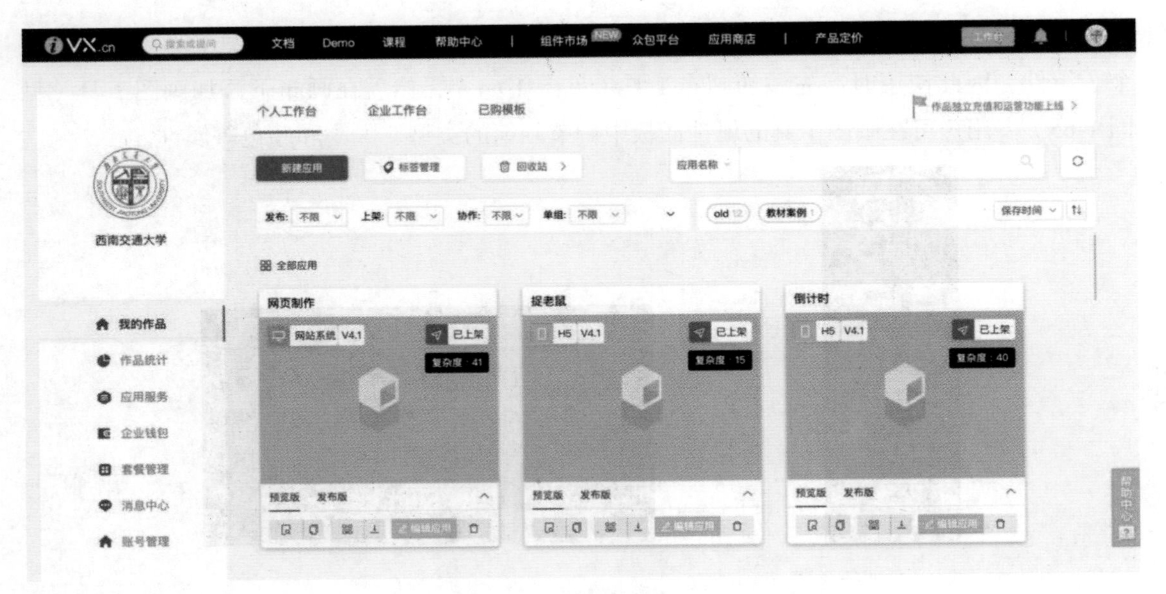

图 1-66　iVX 工作台页面

1.6 本 章 小 结

（1）H5 是 HTML5 的简称，即“超文本标记语言”（hyper text markup language）的第五个版本，它是构建和呈现互联网内容的一种计算机语言，被认为是互联网的核心技术之一。

（2）iVX 的开发流程包含项目的创建、开发、预览、发布、上架，有需要的还可导出案例进行私有部署。

（3）在搭建前台 UI 时，应注意在满足需求的前提下，尽量减少行、列和其他排版容器的多层嵌套。

（4）相对定位与绝对定位的比较如表 1-1 所示。

表 1-1　相对定位与绝对定位的比较

环　境	优　点	缺　点	使 用 场 景
相对定位	可实现网页自适应，具有较好的兼容性	开发相对复杂	适用于图文内容较多，文本和图片需要经常更新的场景，如网页、小程序等
绝对定位	开发方便，版式更可控	无法自适应窗口大小	适用于内容固定，对自适应要求不高的场景，如动画、游戏等

在较为复杂的案例中，往往需要将相对定位和绝对定位结合使用，一般是先使用默认的相对定位环境，然后根据需要插入绝对定位容器。

第 2 章

交互基础

2.1 事　件

2.1.1 事件概述

事件是 iVX 应用中交互的基础，这里的“事件”是一个专有名词，指可以被控件识别的操作，如按下“确定”按钮等。事件决定了应用里所有的交互逻辑，简单来说，事件表达了一个符合条件的动作，即“当 A 做某事时，B 就做某事”。这里，我们把 A 称为“触发对象”，A 做的事情称为“触发条件”；把 B 称为“目标对象”，B 做的事情称为“目标动作”。例如，“当开关被打开时，灯就亮了”，这里的“开关”就是触发对象，“打开”是触发条件，“灯”是目标对象，“亮”是目标动作。

事件面板（见图 2-1）是基于交互四要素展开的。此外，在事件面板的右侧可以为每一条语句添加备注；单击事件面板上端的 “事件 +”按钮可以为同一触发对象添加多条触发事件，也就是说，同一触发对象的所有事件都存在于同一个事件面板下；“子层 / 同层”这一双选按钮控制当前要添加的新的执行内容放在当前事件面板选择内容的子层或者同层；此外，还可为事件添加“循环”“动作”“条件”等内容。

图 2-1　事件面板

下面分别介绍事件应用中需要注意的相关内容。

(1) 触发对象: 事件添加后触发对象就是确定的，不能直接在事件面板上进行设置，除非删除该事件，重新选择触发对象。

（2）触发条件：触发条件会随着触发对象的不同而有所差异，例如，“前台”作为触发对象时会有“网址变化”这一触发条件，但在以“按钮”为触发对象的触发条件列表中没有这一选项。

（3）目标对象：目标对象可以任意选择，目标对象选取的不同会影响到最后的目标动作，其所能执行的动作有较大差异。

（4）目标动作：目标动作是目标对象执行的具体动作，在目标动作中可以引用事件参数，即某一事件触发时附带的该事件触发的相关信息，触发对象和触发事件会共同影响事件参数的内容。

（5）事件顺序：如果一个事件中存在多个条件判断或动作，会依照从上到下的顺序进行单线程的判断并执行动作。因此，相同的触发条件和动作会因为上下顺序不同而产生不同的结果。

（6）事件开关：触发条件和目标动作左边有一个白色的小圆点，这是事件开关，可以临时关闭条件或动作，关闭的事件会变成灰色。有时事件都设置正确了却没有执行，可以检查是否不小心关闭了事件开关（见图 2-2）。

（7）事件的粘贴和复制：事件、条件、动作都是可以复制和粘贴的，选中需要复制的内容，使用鼠标右键或者组合键 Ctrl+C 和 Ctrl+V[①] 可以复制和粘贴事件和动作。

（8）事件的删除：条件和动作都可以通过选中对象后按 Delete 键删除，也可以单击最左边的“删除”按钮删除事件（见图 2-3）。

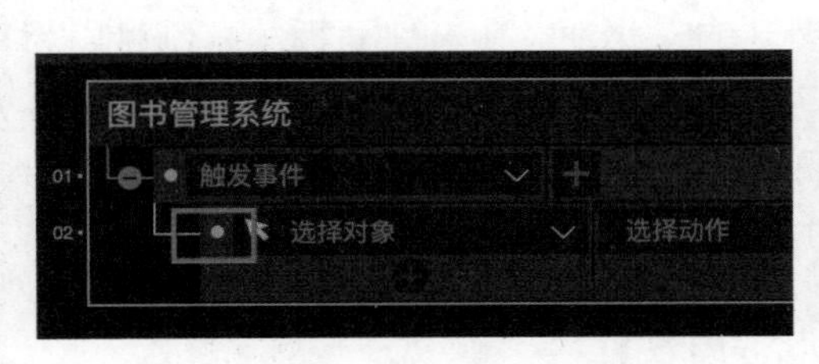

图 2-2　事件开关

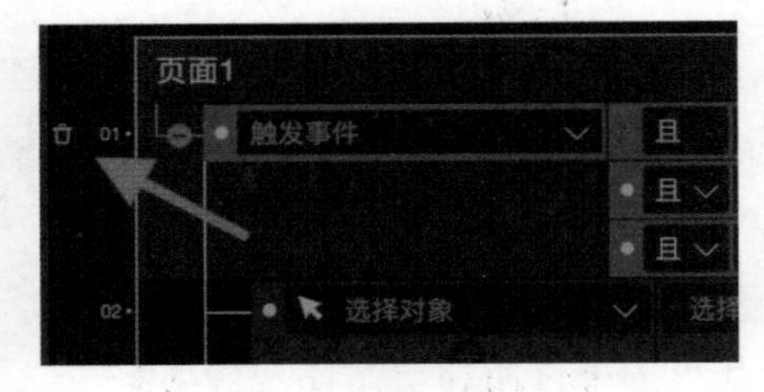

图 2-3　事件的删除

（9）分支条件：“点击”事件面板右上方的“条件”按钮（见图 2-4），可以添加分支条件。添加成功后要把对应的动作拖曳进分支条件中去，此时的动作是分支条件的子元素，会向右缩进。分支条件可在同一大条件的前提下再添加多个条件判断，每个分支条件都可对应不同的动作。例如，在单击按钮提交输入框内容事件中，同样满足单击条件，但可分别判断用户输入框为“空”就提示重新输入，“非空”则提交数据，两个分支可以设定不同的条件和对应的动作。

（10）附加条件：单击已有条件后方的“+”按钮（见图 2-5）可以添加附加条件。附加条件的多个条件同时满足则执行动作，不满足则不执行。例如，还是以单击按钮提交输入

① 在苹果个人计算机中，复制与粘贴操作的快捷键为 Command+C 和 Command+V。

框内容事件为例，如果使用附加条件判断输入框是否为空，则只能执行为“空”时提示重填，但不为空时无法执行任何动作。或者设置“非空”时提交，但为空时就无法提示重填。总之，附加条件与分支条件最大的区别是当条件不满足时，附加条件只是不执行动作，而分支条件还可以执行其他条件下的其他动作。

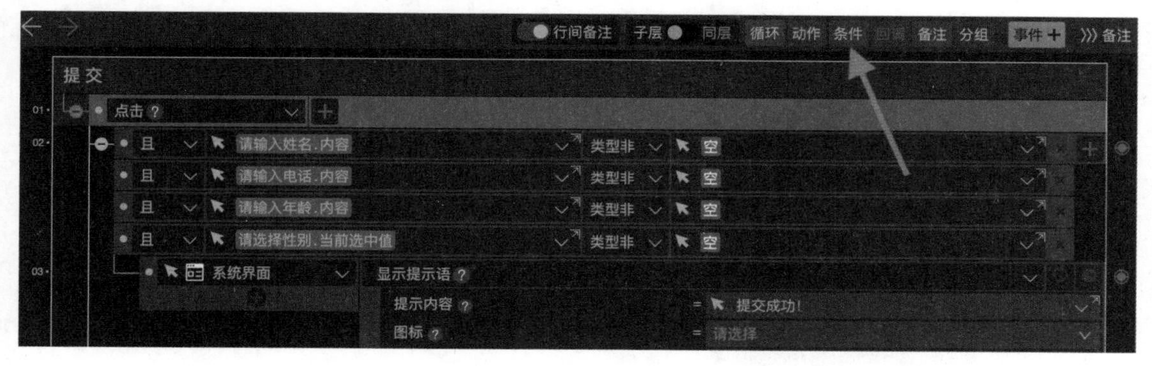

图 2-4 分支条件

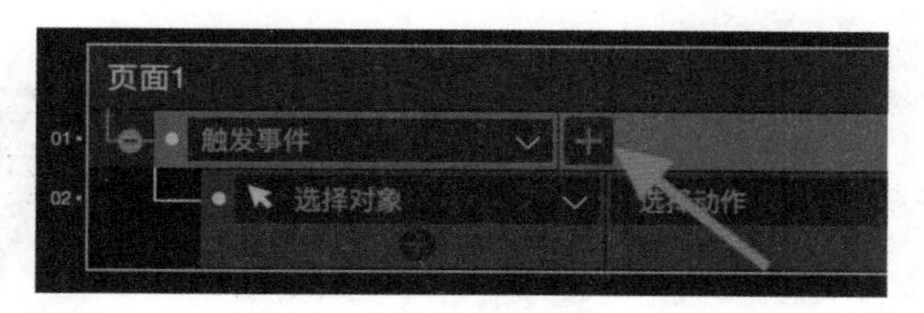

图 2-5 附加条件

(11)条件的“且”“或”“其余”： 分支条件有“且”和“其余”两个选项（见图 2-6），附加条件有“且”和“或”两个选项（见图 2-7）。其中“且”相当于 JavaScript 中的“if”，“其余”相当于“else if”（当“其余”后不跟随条件设置，使用默认为空的设置时，相当于“else”）。一个“且”可以搭配多个“其余”组合使用，事件触发时，“且”和“其余”构成了一个完整的条件判断，事件只会执行其中一个条件下的动作，一旦满足某一个条件便会执行动作并跳出“且”和“其余”组合构成的条件判断。如果上一个条件不满足，则会按照从上到下的顺序继续执行动作直至满足停止条件。

图 2-6 分支条件

图 2-7 附加条件

2.1.2 项目实训：活动报名表

本项目实训如图 2-8 所示。

★项目概述：通过制作报名表熟悉事件的基本用法。

★技能要点：

（1）事件的使用和添加。

（2）输入框的添加及调整。

（3）多条件判断。

（4）横幅的使用。

（5）自适应背景。

★开发步骤：

（1）新建应用。新建 WebApp，使用相对定位环境。新建空白页面。

（2）新建横幅。在页面中新建横幅（绝对定位）（见图 2-9）。

图 2-8　活动报名表[①]

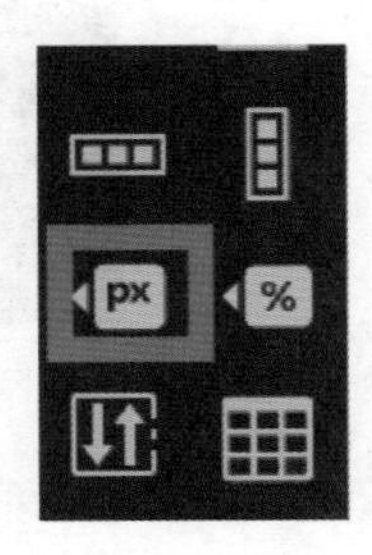

图 2-9　新建横幅

提示

①横幅是一种特殊的定位工具，可在滚动页面中处于固定位置而不随页面滚动。横幅有两种定位方式：绝对定位横幅内部的对象以横幅左上角为坐标原点，以 *X*、*Y* 为坐标实现定位；相对定位横幅内部对象以横幅的长和宽为基准进行相对定位，内部元素没有 *X* 和 *Y*，通过水平、垂直、缩进、内外边距等方式实现定位。横幅还有一个十分特殊的属性叫作"整体布局"（见图 2-10），用来设置横幅相对于浏览器窗口的整体位置，这个位置会固定在屏幕中，不会随页面整体的滚动而改变。在整体布局的基础上，还可以通过水平和垂直偏移属性来微调横幅的当前位置。横幅的"整体布局"属性影响的是横幅自己在父级窗口中的位置，而不会影响其内部的子元素排列。本案例中为了实现报名信息在不同大小窗口中始终保持中间的自适应效果，使用了绝对定位横幅。

① 访问地址：https://file9e17b2b47d37.v4.h5sys.cn/play/ltSO5jvw?code=051LARFa1k9BmF0co0Ia1bwLjh3LARF5&state=chm6mh9tv4bultkqhi4g。

提示

② 添加背景有多种方式，可以直接在页面中放入铺满底层的图片，也可以在页面或前台的“背景图片”属性中上传素材（见图 2-11）。在绝对定位环境中，使用第一种方式设置的背景图片会出现在对象树本页面的最下方，上方的图片会遮挡背景。背景的位置和大小都可以随时调整，但是不能实现自适应效果，也就是说，其大小是固定的，不会随着浏览窗口的大小缩放。使用设置“背景图片”方式上传的背景不会出现在对象树中，也不能随意调整大小和位置，它会根据用户设置的适配方案实现自适应缩放。

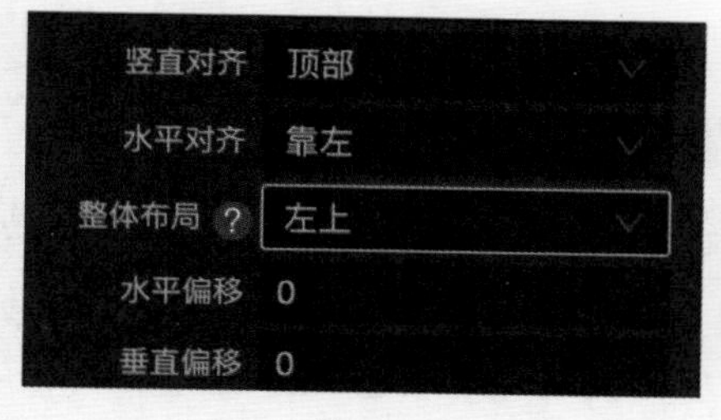

图 2-10 横幅整体布局

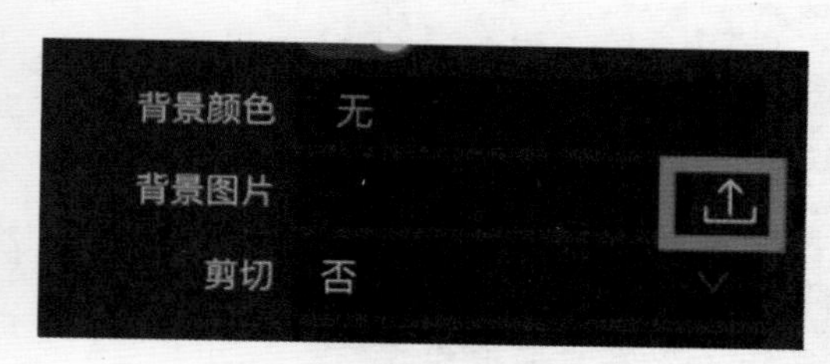

图 2-11 设置页面背景

（3）新建和调整横幅内部的对象。设置横幅的长和宽均为 0（见图 2-12），整体布局为“中上”。在横幅中新建“姓名”“性别”“年龄”“电话”4 个文本和对应的输入框，并调整格式。其中，“性别”栏可以使用工具栏表单元件分组中的“下拉菜单”实现精准输入（见图 2-13）。在下拉菜单的“选项列表”中输入“男，女”，改变默认选项的内容。注意多个选项之间必须使用英文的逗号隔开（图 2-14）。新建“提交”按钮，并调整其外观。

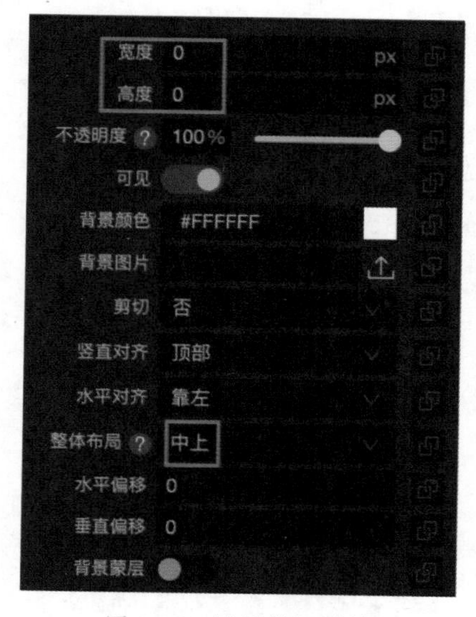

图 2-12 设置横幅属性

图 2-13　添加下拉菜单

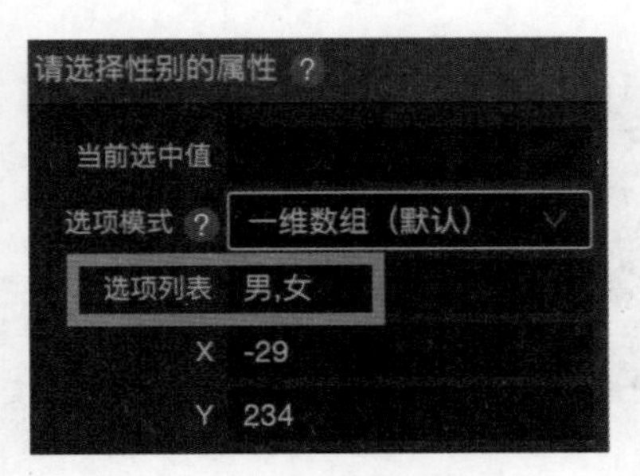

图 2-14　设置下拉菜单

提示

如果仅仅是使用横幅定位，而不想显示边框和背景，也可以直接设置横幅的长和宽均为0，或者删除横幅的背景颜色使其透明。

（4）设置输入框类型。输入框有“文本”“整数”“小数”“密码”“手机”等多种类型可选（见图 2-15），通过对输入类型的设定，可以触发前台的检测事件，从而规范用户的输入内容，可避免大量错误和冗余数据提交到后台数据库中。设置“姓名”输入框为“文本”类型，“年龄”输入框为“整数”类型，“电话”输入框为“手机”类型。

（5）添加输入框事件。选择“姓名”输入框添加事件，当“输入类型有误”时，让系统界面显示提示语，输入提示语内容为“请输入正确的姓名！”。默认提示时间为 1.5 s，用户也可以根据自己的需求修改显示时长。提醒完成后紧接着清空输入框内容，方便用户再次输入（见图 2-16）。用同样的方法分别设置“年龄”和“电话”输入框事件。

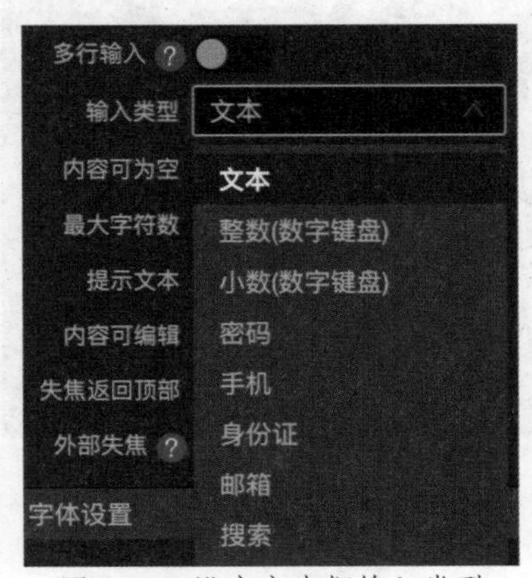

图 2-15　设定文本框输入类型

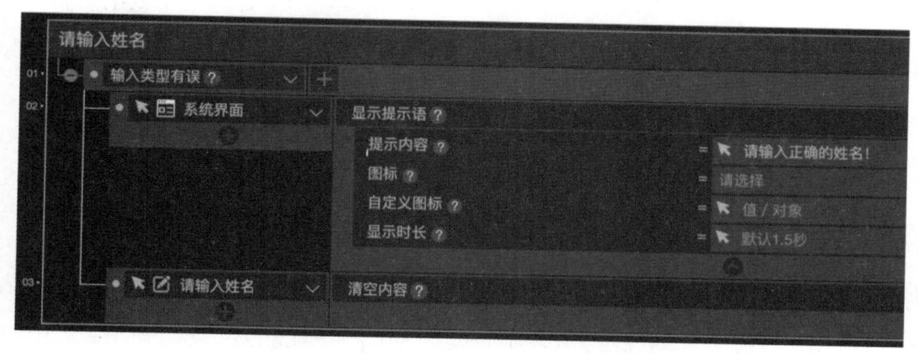

图 2-16 添加输入框事件

（6）添加提交事件。提交时，也要判断所有输入框是否为空（见图 2-17），如果符合要求则显示“提交成功！”，不符合要求则提示“输入框不能为空！”（见图 2-18）。

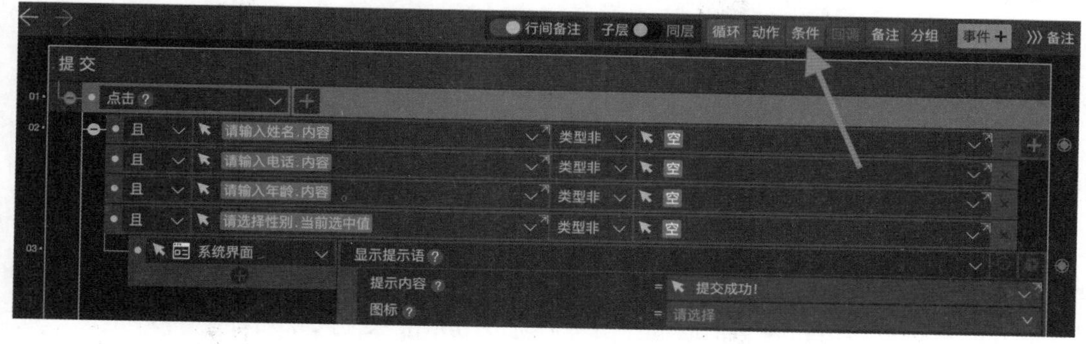

图 2-17 添加输入框条件

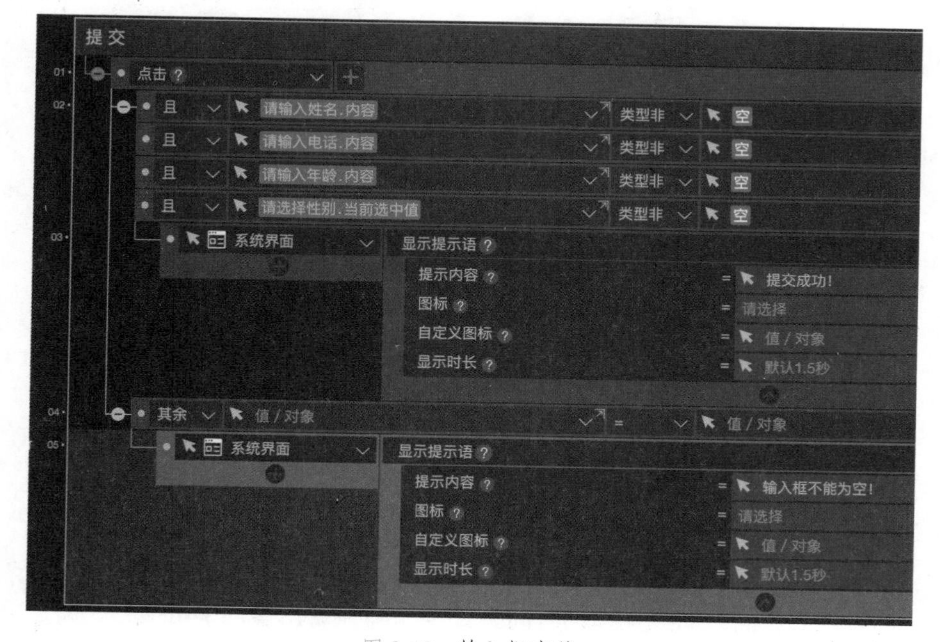

图 2-18 输入框事件

（7）预览，完成。

2.2 轨 迹

2.2.1 轨迹与关键帧动画

“轨迹”是 iVX 动画的基础组件，其本质是关键帧动画。所谓关键帧动画，就是使用“关键的帧”制作动画，这是相对于定格动画（逐帧动画）来说的。我们知道，动画的本质是连续播放的静态画面，如果把每一帧画面中对象的位置、大小、颜色等属性全都记录下来，连续播放就可以生成动画，但这样的工作量巨大。实际上，只需在计算机中设置一些影响动画状态的“关键帧”（如动画的开始帧和结束帧，还有速度、方向等属性发生明显变化的帧），就可以让计算机自动生成中间的帧。这样一来，虽然动画每秒仍然要播放几十帧，但用户仅需设置几个帧的属性即可完成动画制作，这是关键帧动画的理论基础。

选中对象树中的图片、文本或其他可以添加动画的对象，可以看到前台左侧的工具栏变为动画工具，包含“轨迹”“动效”“动效组”3 个组件（图 2-19）。

iVX 中所有的动画都可以通过“轨迹”组件来实现，其他组件如动效、时间轴等均是轨迹的变形。为对象添加轨迹后，前台下方会出现时间线，默认时长为 10s。用户可以单击时间线上方的黄色棱形按钮在当前时间指针处添加关键帧（见图 2-20）。时间线上已添加关键帧处会出现棱形关键帧标记。在修改任何关键帧属性时，需要确保选中当前关键帧，选中的关键帧显示为黄色。

图 2-19　动画组件

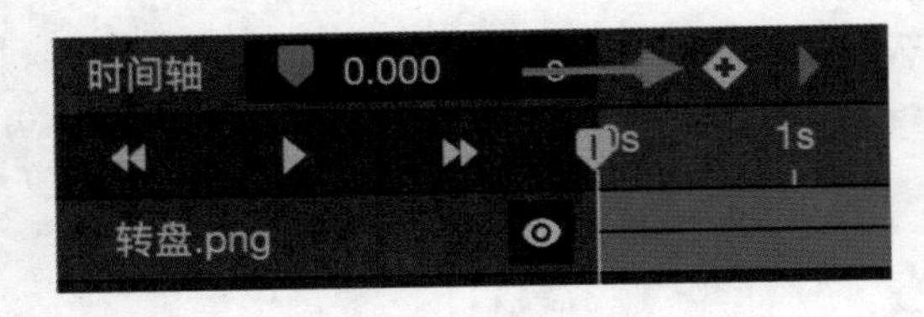

图 2-20　添加关键帧

添加关键帧的步骤如下。

（1）选择需要添加动画的对象，单击“轨迹”按钮添加轨迹。

（2）在对象树中选择新建好的轨迹，在左侧属性面板中调整轨迹类型、时长等属性（见图 2-21）。

（3）在前台下方的时间线上拖动时间指针到动画开始位置，单击上方“新建关键帧”按钮，新建关键帧。

（4）在新建关键帧激活状态下（显示为黄色），调整前台中动画对象的位置、大小等属性，记录开始关键帧信息。

（5）拖动时间指针到动画结束位置，新建结束关键帧，选中结束关键帧，设置动画对象的新属性。

（6）单击“播放”按钮预览动画。

除了“轨迹”，动画组件中还有“动效”按钮，可以为对象添加“闪烁”“缩放”“飞出”“飞入”等动画，类似 PPT 或 PR 中的转场动画，其本质是打包好的关键帧动画（轨迹）。用户可以在左侧的属性面板中修改动效的类型和时长等属性（见图 2-22），单击“预览动效”按钮即可看到动画效果。“动效组”即一组动效，将几个动效组合起来产生更为复杂的动画效果，方便反复调用。

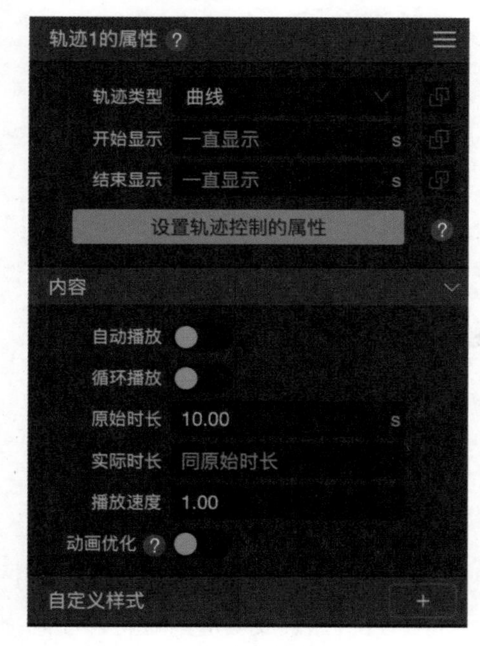

图 2-21 轨迹属性面板

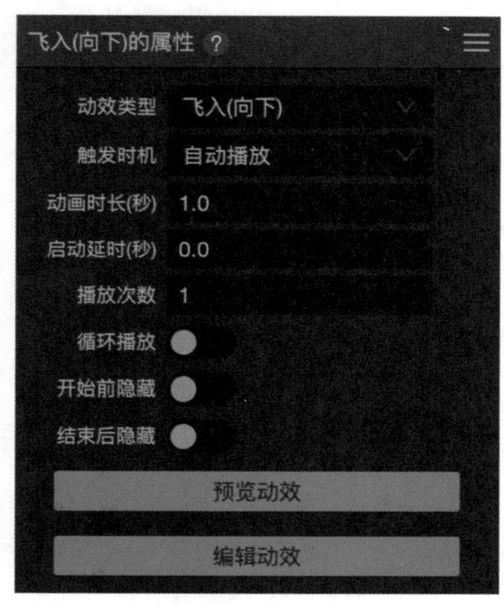

图 2-22 动效属性面板

2.2.2 时间轴

当前台中有多个动画对象时，选中一个对象只能调整一个轨迹的动画，无法看到其他对象的状态，也无法使这些对象的轨迹动画互相配合，这时就要用到“时间轴”（见图 2-23）。时间轴就是轨迹的集合，可以把多个含有轨迹的对象分轨道同时显示出来，方便互相配合和总体控制。当需要管理多个轨迹动画时，只要新建时间轴，然后在对象树中把所有轨迹动画的对象都拖曳到时间轴中即可，这时，时间轴成为所有轨迹的父对象。

图 2-23 添加时间轴

2.2.3 项目实训：切西瓜

本项目实训如图 2-24 所示。

图 2-24　切西瓜①

★项目概述：使用轨迹与时间轴制作简单的关键帧动画。

★技能要点：

（1）素材的导入和使用。

（2）理解关键帧动画的原理，会使用轨迹创建关键帧动画。

（3）动效、轨迹和时间轴的配合使用。

★开发步骤：

（1）新建应用。新建 WebApp，使用绝对定位环境。新建空白页面。

（2）导入素材。选中对象树中的前台，把所有素材拖曳至窗口中间前台的空白处，注意不要拖到对象树中去，否则浏览器会使用新的窗口依次打开所有素材，而不是导入素材。

（3）调整素材。导入素材后将所有素材缩放至合适大小并摆放至适当位置。注意拖曳缩放时不要改变素材的长宽比例，可以在选中素材后单击左侧属性面板中宽度和高度旁边的小链条图标来锁定长宽比（见图 2-25），然后再来调整图片大小。另外，还要注意小刀和两半西瓜之间的上下遮挡关系，调整对象树中素材的上下位置，把小刀放在两半西瓜中间（见图 2-26）。

（4）添加动效。选中“点击小刀”图片，在左侧工具栏中为它添加“动效”（见图 2-27）。设置动效类型为“闪烁”，并打开“循环播放”开关（见图 2-28）。

（5）添加小刀轨迹。选“小刀”图片，在左侧工具栏中添加“轨迹”（见图 2-29）。选中刚才添加的轨迹，在左侧属性面板中将原始时长改为 1s（见图 2-30）。

① 访问地址：https://file9e17b2b47d37.v4.h5sys.cn/play/u96BFCqU?code=001hhL0w33KuH03T1W2w3HsRWf0hhL01&state=chm6mr1tv4bultkqhkpg。

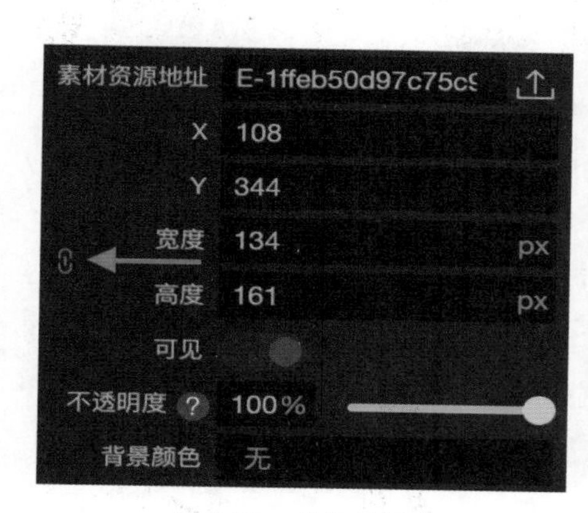

图 2-25　锁定长宽比

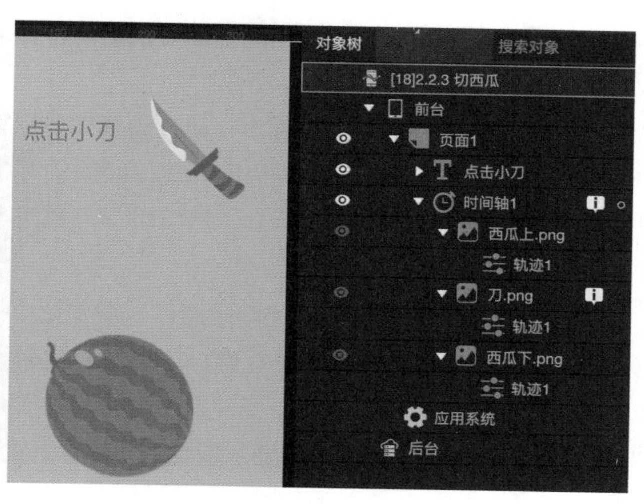

图 2-26　调整素材上下位置

图 2-27　添加动效

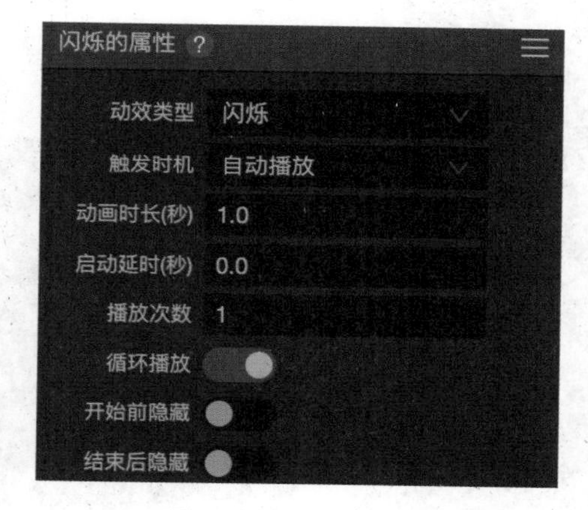

图 2-28　设置动效属性

图 2-29　添加轨迹

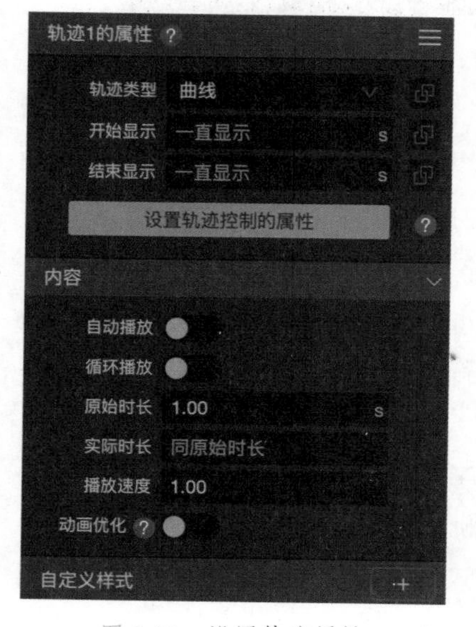

图 2-30　设置轨迹属性

提示

在 iVX 中，轨迹和时间轴的默认时长均为 10s，用户可以一开始就根据实际需求调整时长，也可以最后通过“实际时长”或“播放速度”来调整动画时长，这 3 个参数是互相影响的。

（6）添加西瓜轨迹。使用同样的方法给两半西瓜也添加轨迹，并设置原始时长为 1s。

图 2-31 添加时间轴

（7）添加时间轴。因为有多个轨迹动画需要互相配合，所以必须使用“时间轴”工具。在前台中新建“时间轴”（见图 2-31），设置时间轴的“原始时长”为 1s，然后将小刀和两半西瓜拖曳进时间轴中（见图 2-32）。

（8）调整原点。为了方便动画制作，需要把小刀和两半西瓜的中心点调整到素材中心处。分别选择 3 个素材，在属性窗口中调整“旋转设置”下的“X 原点”和“Y 原点”均为 50%（见图 2-33）。在 iVX 中，素材默认以左上角为原点，制作动画时为了方便控制和观察效果，往往需要把原点调整至素材中心位置。重新设置原点后素材的位置会发生变化，用户需要重新摆放各素材的位置。

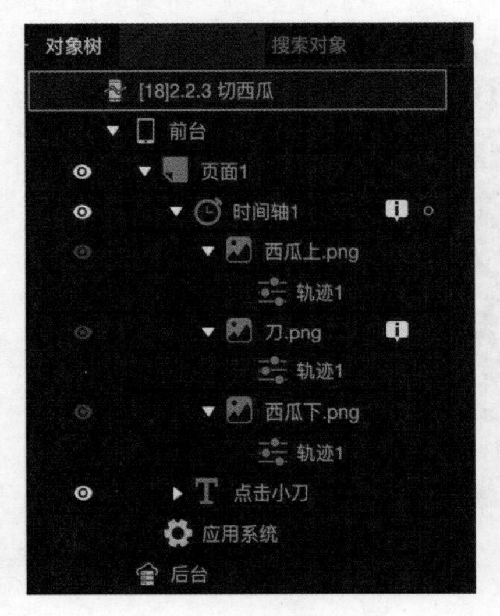

图 2-32 编辑时间轴

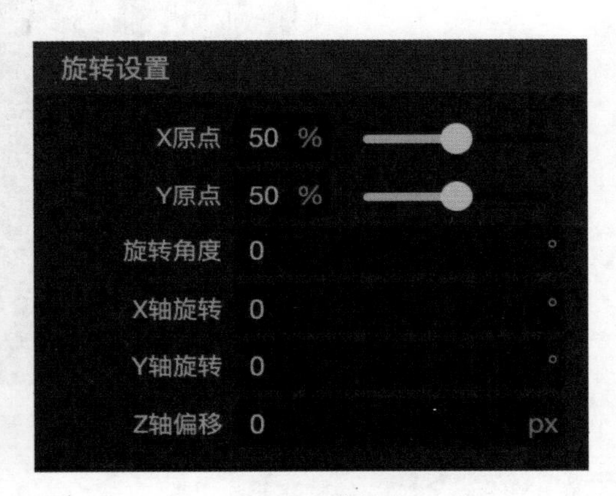

图 2-33 调整原点

（9）制作小刀关键帧动画。选中小刀的轨迹，在前台下方显示动画时间线。把时间指针放在第 0 帧。单击时间线上方的“新建关键帧”按钮（见图 2-34），在小刀轨迹上添加动画开始的关键帧。确保关键帧是黄色激活状态，调整小刀的位置，把它放在前台右上方。将时间指针拖曳至 1s 处，新建关键帧，然后把小刀拖曳至前台左下方出画。单击时间线上的“播放”按钮可以看到小刀的动画已经形成。需要注意小刀在切到西瓜时的位置是否合适美观，可以通过调节结束关键帧的位置影响中间小刀的飞行路径。屏幕中的虚线提示了小刀原点的运动轨迹。

（10）制作西瓜动画。使用与小刀一样的方法制作两半西瓜的关键帧动画，让它们从不同方向飞出画面。注意西瓜飞出动画开始的位置不是 0s 0 帧，因为这时小刀还没有切到西瓜。所以用户需要拖动时间指针，找到小刀刚好有一小部分进入西瓜的帧，西瓜的动画是从这里开始的（见图 2-35）。

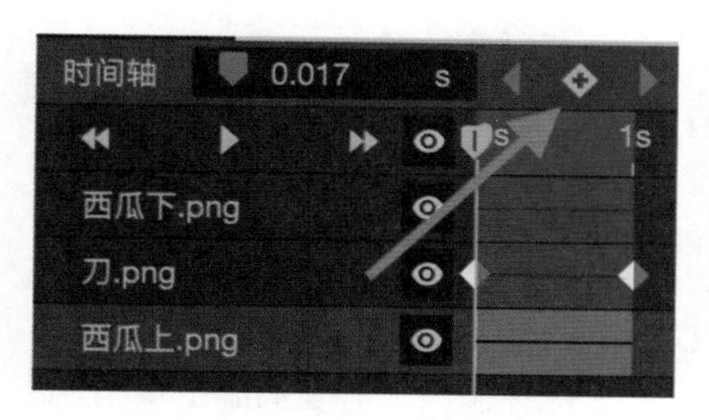

图 2-34 新建小刀关键帧

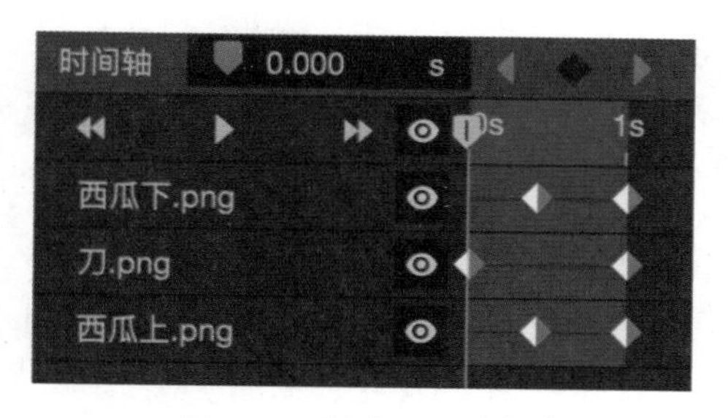

图 2-35 新建西瓜关键帧

（11）调整播放速度。单击播放时间轴，发现动画偏慢，调整时间轴的“播放速度”为2.00，提高播放速度（见图 2-36）。

（12）添加播放事件。给小刀添加“点击”事件，播放时间轴动画（见图 2-37）。

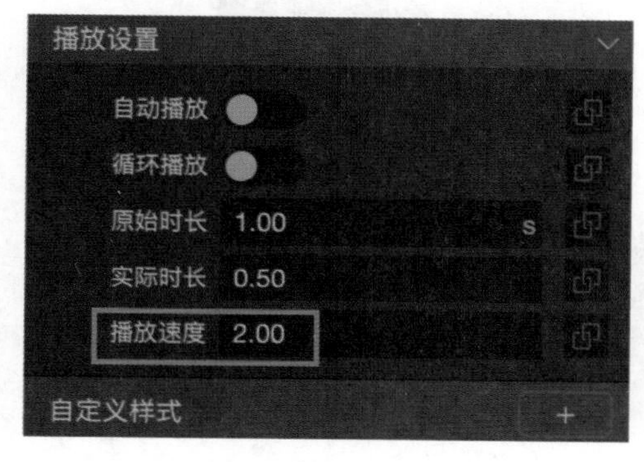

图 2-36 调整播放速度

图 2-37 添加播放事件

（13）添加重复播放事件。如果希望动画播放完后用户可以再次点击反复播放，还可以给时间轴添加“重置”事件（见图 2-38）。

图 2-38 给时间轴添加“重置”事件

（14）预览，完成。

2.2.4 项目实训：冰冻果汁

本项目实训如图 2-39 所示。

★项目概述：使用父子动画完成较为复杂的交互动画。

★技能要点：

（1）父子动画。

（2）复杂关键帧动画。

（3）按钮与时间轴事件的配合。

★开发步骤：

（1）新建应用。新建 WebApp，使用绝对定位环境。新建空白页面。

（2）导入素材。

（3）新建时间轴。把柠檬、奇异果拖入时间轴。设置原始时长为 2s。

（4）新建对象组。选中时间轴，在左侧工具栏中单击相应按钮新建对象组（见图 2-40），在前台中划出一个与杯子差不多大的范围。删除对象组背景颜色，使其透明（见图 2-41）。把吸管和杯子拖进对象组，再把对象组拖进时间轴。分别在奇异果、橙子、杯子、吸管和对象组上添加轨迹，完成后对象树结构如图 2-42 所示。

图 2-39　冰冻果汁①

图 2-40　新建对象组

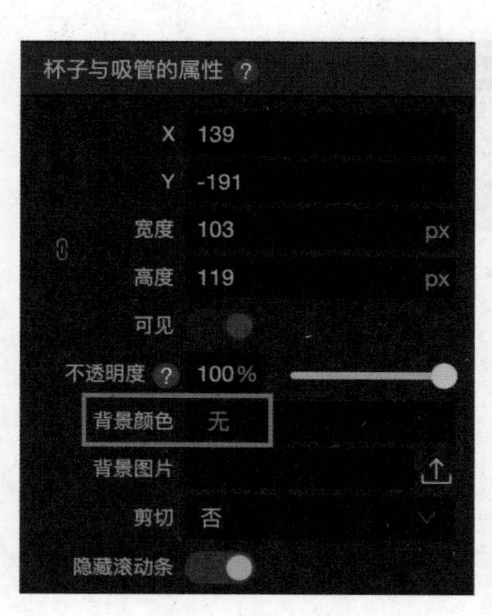

图 2-41　删除对象组背景颜色

图 2-42　对象树结构

① 访问地址：https://file9e17b2b47d37.v4.h5sys.cn/play/8xwUzMSg?code=091KUeHa1koMlF0jP4Ha1OSLcv1KUeHO&state=chm6n4bjq8qupi061hi0。

提示

对象组通常用于在网页/H5/小程序的绝对定位环境下给子对象分组，便于同组内的对象整体移动和管理，方便排版布局的调整。对象组只能添加在绝对定位环境下，只有当前对象树中选中的对象处于绝对定位环境，编辑器左侧的组件栏中才会出现对象组组件。对象组也可以添加轨迹，在本案例中，对象组用来把两个独立的素材（杯子和吸管）捆绑为一个对象，以便添加整体的动画效果。同时，对象组内部的素材仍然可以继续添加单独的动画。此时对象组内部的元素与对象组之间构成父子关系，具备父子关系的素材动画称为父子动画。

（5）制作水果动画。首先调整水果的“X原点”和“Y原点”均为50%，使得旋转中心在水果的圆心上。选择奇异果的轨迹，在0s处新建关键帧，把奇异果移动到画外，记录动画开始关键帧。在1s处新建结束关键帧，拖动奇异果到前台中部合适位置。当画外的对象无法选中时，可以在对象树中选中后直接修改 *X* 或 *Y* 的数值使得对象显示出来，然后拖动即可。在结束关键帧激活状态下（显示为黄色），继续调整旋转角度为360°（见图2-43），这会使得奇异果在移动的同时旋转1周。这里的度数可以根据自己需要的速度进行增减，注意旋转角度是有正负值之分的，正值表示以顺时针方向旋转，负值表示以逆时针方向旋转。使用同样的方法制作柠檬的动画，注意两片水果的旋转方向是相反的。

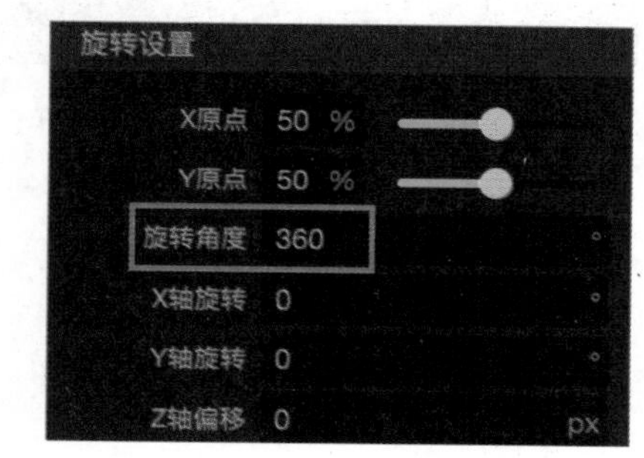

图2-43　设置旋转角度

（6）制作杯子动画。杯子和吸管已经在对象组中一同运动，因此只需给对象组的轨迹制作从上往下的动画即可。

（7）制作吸管动画。为了让动画更加真实丰富，杯子停止后可以给吸管添加轨迹，制作吸管晃动的动画。

（8）新建“播放”与“再看一遍”按钮。初始状态下，“播放”按钮显示，“再看一遍”按钮隐藏，因此新建两个按钮后需要首先在对象树上单击“再看一遍”按钮左边的眼睛图标隐藏该按钮（见图2-44）。当用户单击“播放”按钮时，时间轴开始播放动画，同时“播放”按钮自己需要隐藏（见图2-45）。当时间轴动画播放结束时，选中时间轴添加事件，让“再看一遍”按钮显示（见图2-46），方便用户再次观看。当用户单击“再看一次”按钮时，重新播放时间轴的同时隐藏该按钮（见图2-47）。注意素材的上下遮挡关系，按钮要放在对象树最上面不被遮挡，这样用户才能进行单击操作。

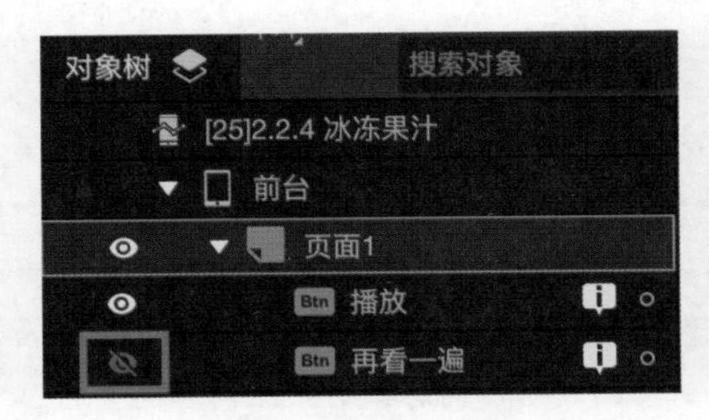

图 2-44　隐藏“再看一遍”按钮

图 2-45　“播放”按钮事件

图 2-46　时间轴事件

图 2-47　“再看一遍”按钮事件

(9) 预览，完成。

2.3 计数器与条件容器

2.3.1 计数器

计数器专门用于数值存储、判断、运算和显示，是数据交互中必不可少的重要组件。计数器同时具备数值存储、判断、运算、显示四大功能，常见的用法如下。

(1) 充当计数组件：通过赋值或数据变量的方式，计数器可存储案例运行过程中产生的数值。如用于游戏分数、游戏次数等数据的记录。

(2) 充当逻辑判断组件：可对所存储的数值进行逻辑判断，判断其是否满足目标条件，如是否为正数、是否为奇数、是否处于目标数值范围等。例如，对游戏分数执行判断，给出不同的游戏结果。

(3) 充当数值运算组件：可对自身数值进行运算，完成自增、自减、生成随机数、取整等操作。

① 充当数值显示组件：用户可以设定计数器的小数位数，还可对字体样式进行定义。

② 用于生成随机数。

2.3.2 条件容器

图 2-48　条件容器

条件容器（见图 2-48）可以在满足筛选条件的情况下在应用程序运行时动态创建对象，其作用相当于给对象的“可见”属性进行条件绑定。简单来说，就是条件容器内部的对象会在满足条件时显示，不满足条件时隐藏。

2.3.3 项目实训：按住 1 秒钟

本项目实训如图 2-49 所示。

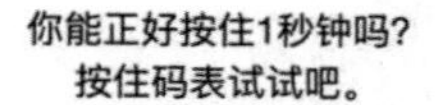

图 2-49　按住 1 秒钟①

★项目概述：使用计数器与条件容器制作小游戏。

★技能要点：

（1）计数器的使用。

（2）时间轴作为计时工具使用。

（3）条件容器的使用。

★开发步骤：

（1）新建应用。新建 WebApp，使用绝对定位环境。新建空白页面。

（2）导入素材。使用工具栏中的“图片序列”工具（见图 2-50）导入码表动画素材，并在其属性面板中关闭“自动播放”和“循环播放”属性（见图 2-51）。

（3）添加时间轴。在页面中添加时间轴，保留原始时长 10s 或设置为更长时间，用来记录用户按下的时间。

（4）添加计数器。在前台添加计数器，放在码表中央，用来显示用户按下的时间。计数器默认“小数点位数”为 0，即整数。本案例中精确到 0.01s，因此将“小数点位数”设置为 2（见图 2-52）。

① 访问地址：https://file9e17b2b47d37.v4.h5sys.cn/play/YnyZAE6X?code=051Zi0000gIm1Q1Yur200fpo3p0Zi008&state=chm6nc9tv4bultkqhrcg。

图 2-50 图片序列工具

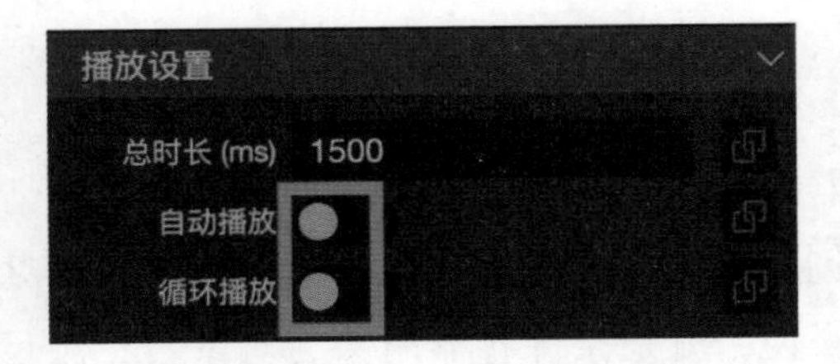

图 2-51 关闭"自动播放"和"循环播放"属性

(5) 添加透明按钮。在页面中添加透明按钮（见图 2-53），覆盖码表的表盘，并保证透明按钮在最上层。

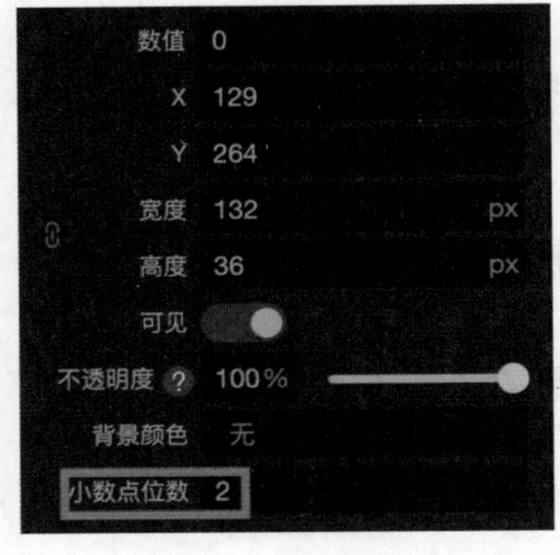

图 2-52 设置计数器小数点位数

图 2-53 添加透明按钮

提示

透明按钮组件是一种特殊的按钮，和普通按钮一样用于交互行为。但是透明按钮不可添加按钮文字和图标，样式更加简洁。透明按钮一般直接覆盖在图片上作为单击区域来触发交互事件，可以承担以下功能。

① 解决层级关系问题。当我们需要与一个处于下层层级的组件做交互时，由于其上方可能覆盖了其他对象，无法直接触发。此时可以通过在上层添加透明按钮，在不改变视觉层级关系的条件下实现交互。

② 优化交互体验。对于某些尺寸较小、不便触控的交互组件，通过添加透明按钮可以扩大交互区域，优化交互体验。

③ 屏蔽长按保存。透明按钮作为透明对象，不会触发微信的长按保存功能，尤其适用于进行长按交互。当我们不希望触发该功能时，可以在不影响交互体验的情况下，在组件上方覆盖一个透明按钮，从而屏蔽长按保存功能。

(6) 添加透明按钮事件。手指按下时则时间轴播放，手指离开时则时间轴暂停。时间轴暂停时为计数器赋值，值为时间轴的"当前时间"。完成赋值后要"重置"时间轴和动画，以便再次开始（见图 2-54）。

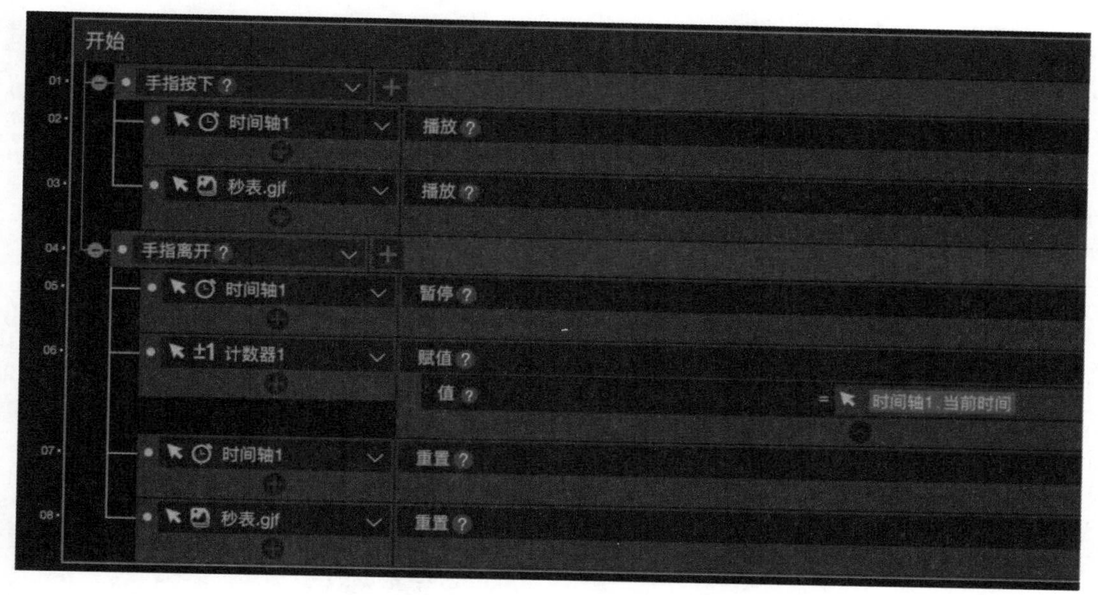

图 2-54　透明按钮的事件设置

（7）添加条件容器。在页面中添加 5 个条件容器，分别在其中添加文本提醒内容“你的 1 秒也太短了吧！”“还差一点点！”“你简直就是行走的时钟！”“只超了一点点！”“你的 1 秒也太长了吧！”，并调整大小和位置（见图 2-55）。

（8）设置条件容器的条件。将用户可能的单击时长分段，与以下 5 种结果相对应。

① 0< 时长≤ 0.8：“你的 1 秒也太短了吧！”。

② 0.8< 时长≤ 0.9：“还差一点点！”。

③ 0.9< 时长≤ 1.1：“你简直就是行走的时钟！”。

④ 1.1< 时长≤ 1.2：“只超了一点点！”。

⑤ 1.2< 时长：“你的 1 秒也太长了吧！”。

这里的“时长”就是计数器的“数值”，以上对应的分界点可以根据自己的喜好自由设定，需要注意正好处在分界点的时间要包含在内，不能遗漏也不能重复，否则条件容器的条件判断就会出错。按照以上分段分别设置 5 个条件容器的条件（见图 2-56）。

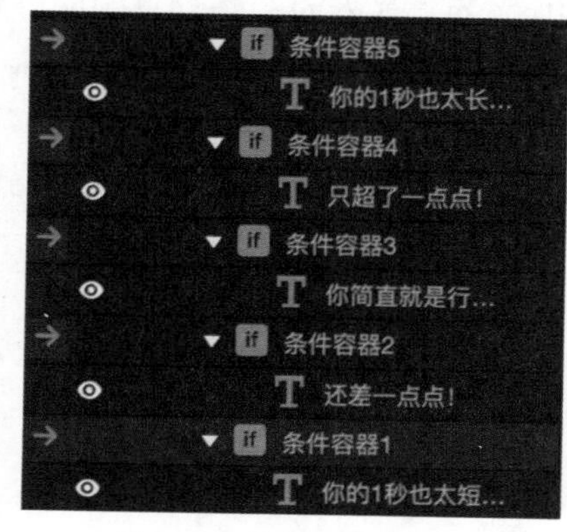

图 2-55　添加条件容器

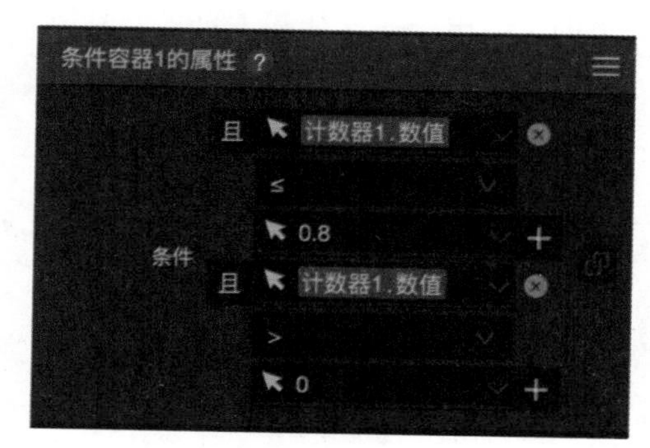

图 2-56　设置条件容器的条件

（9）预览，完成。

2.3.4 项目实训：色觉游戏

本项目实训如图 2-57 所示。

图 2-57　色觉游戏[①]

★项目概述：拓展条件容器的用法。

★技能要点：

（1）多页面游戏。

（2）进度条的制作。

（3）计数器的使用。

（4）条件容器的使用。

★开发步骤：

（1）新建应用和导入素材。新建 WebApp，使用绝对定位环境。在前台新建 8 个页面，其中第 1 页为首页，第 8 页为结果页，把所有素材按照首页、游戏页、结果页顺序分别导入对应页面中。由于需要在除了首页的其他页面始终计时，新建对象组并命名为“计时”，放在对象树最上方的前台中。

提示

前台是所有页面的父级对象，其中的对象可以跨页面显示。

（2）新建“得分”计数器。在前台新建计数器并命名为“得分”。

① 访问地址：https://file9e17b2b47d37.v4.h5sys.cn/play/mNYR8RqM?code=011udWZv3s0GG03r1C3w3qJEDl0udWZA&state=chm6ng6mc44c8697bang。

（3）新建计时动画。在前台的“计时”对象组中新建时间轴用来计时，调整“原始时长”为20s。在对象组中新建两个按钮并删掉按钮文本来作为进度条和指针。给指针添加“轨迹”，把指针拖进时间轴，给指针添加关键帧动画，使得指针从进度条0s处平移到20s处结束。由于首页不显示计时动画，关掉对象组“计时”的眼睛图标（见图2-58）。在进度条底部添加文本提示时间“0”“10”“20”（见图2-59）。

图2-58 “计时”对象组

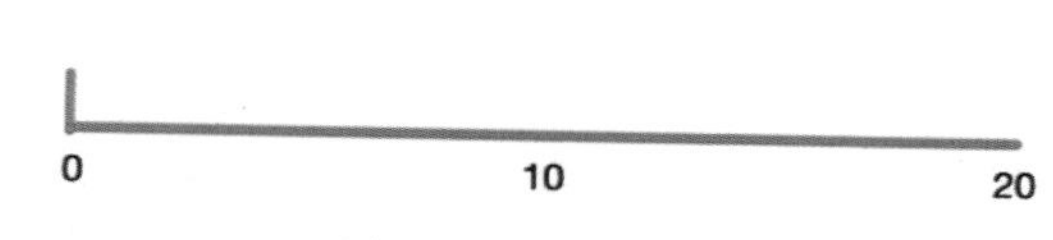

图2-59 进度条外观

（4）设置开始事件。在首页中新建透明按钮覆盖“开始”按钮素材。添加透明按钮事件，“点击”时让前台“跳转到下一页”，“计时”对象组显示，时间轴开始播放。由于时间轴隐藏时“播放”事件不起作用，为了保证对象组中的时间轴先显示出来，再执行播放动作，可以给后面的播放事件添加延时执行0.1s（见图2-60）。

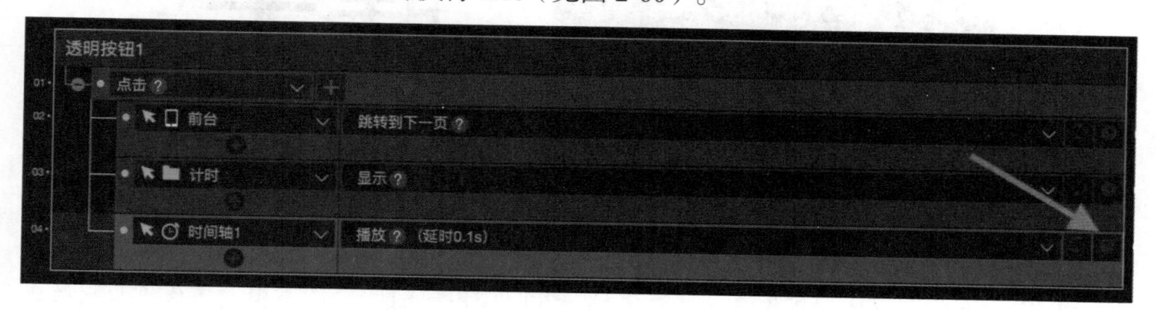

图2-60 开始游戏事件

（5）设置游戏事件。在“页面2”中添加透明按钮，覆盖色彩与其余方格不同的方格。给透明按钮添加事件，“点击”时计数器“加1”，并翻页（见图2-61）。使用同样的方法给其余游戏页面添加透明按钮和事件。

（6）设置结果页。在“页面8”结果页中新建按钮，修改按钮文本为“再来一次”。再建4个条件容器，把4个结果素材分别拖入容器中（见图2-62）。按照以下条件分别设置条件容器的条件。

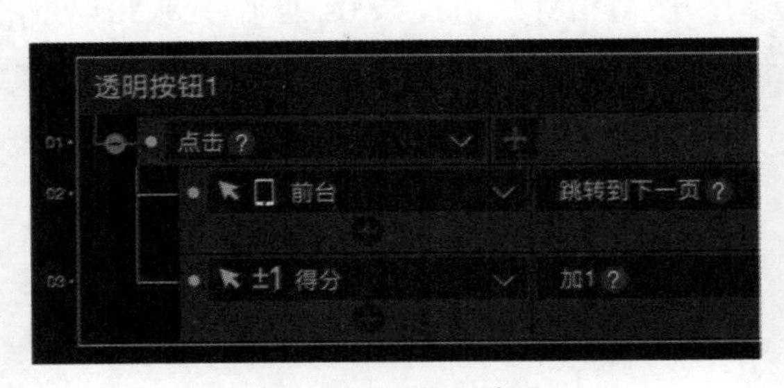

图 2-61 透明按钮事件

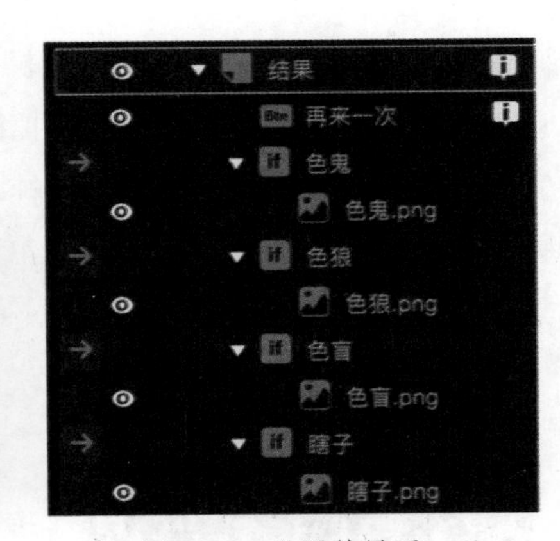

图 2-62 设置结果页

① 得分 =0：“瞎子”。

② 得分 =1 或 2：“色盲”。

③ 得分 =3 或 4：“色狼”。

④ 得分 =5 或 6：“色鬼”。

注意，这里的“得分”就是计数器的“数值”，分数除了 0 分，其余得分有两种可能，它们之间的条件是“或”（见图 2-63）。

游戏结束的方式有以下两种。

① 用户在 20s 内完成了所有选择来到结果页（见图 2-64）。

图 2-63 设置条件容器

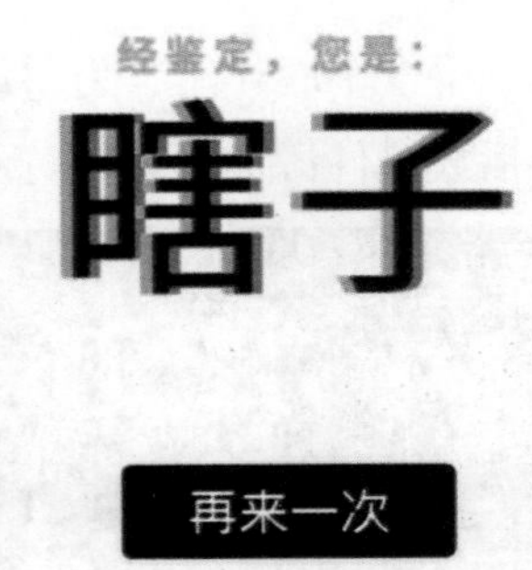

图 2-64 结果页

② 用户未全部完成单击但 20s 计时已到，此时应设置时间轴“结束”事件，直接跳转到结果页（见图 2-65）。

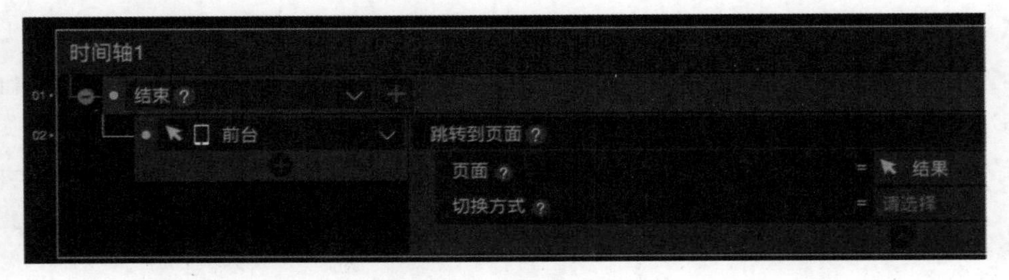

图 2-65 时间轴结束跳转

（7）添加"再来一次"事件。给结果页的"再来一次"按钮添加前台的"重新加载"事件（见图 2-66），用户可以通过单击结果页的"再来一次"按钮重玩游戏。

图 2-66 "再来一次"事件

（8）隐藏得分。如果不希望用户看到计数器，可以隐藏"得分"计数器。

（9）预览，完成。

2.4 触 发 器

2.4.1 触发器概述

触发器是一种计时触发组件，用于按照相等时间间隔反复触发某事件或某动画效果，当时间间隔足够短时可视为连续触发。触发器可设定触发次数、时间间隔，以适应不同的触发方式。

触发器常用于以下 3 种场景。

（1）定时、延时触发：使用触发器可以实现某动作的单次延时触发。例如，可以使用触发器触发某动效播放完毕后延时 2s 再次播放。

（2）等时间间隔触发：对于等时间间隔的定时触发，使用触发器会比时间轴更加方便。例如，可以使用触发器实现每隔几秒连续自动翻页的效果。

（3）连续触发：触发器提供了时间间隔为"每一帧"的连续触发功能。帧对应于设备显示刷新的最小单位，不同设备的时间间隔不同。如果我们设定为每帧触发，则对肉眼来说近似于连续，可实现某些连续的动画效果。

虽然触发器归类在逻辑组件下，但根据动画原理可知，如果某一对象的位置、大小、旋转等属性连续发生变化，就可以形成动画。因此，触发器也可以用于生成动画。

2.4.2 项目实训：倒计时

本项目实训如图 2-67 所示。

★项目概述：熟悉触发器的使用。

★技能要点：

（1）触发器与计数器的使用。

（2）复合条件。

图 2-67 倒计时[①]

★操作步骤：

(1) 新建应用。新建 WebApp，新建页面。

(2) 新建对象。新建输入框、图标、计数器和触发器（见图 2-68 和图 2-69），并调整各对象的大小和位置（见图 2-70）。

图 2-68 新建输入框、图标和计数器

图 2-69 新建触发器

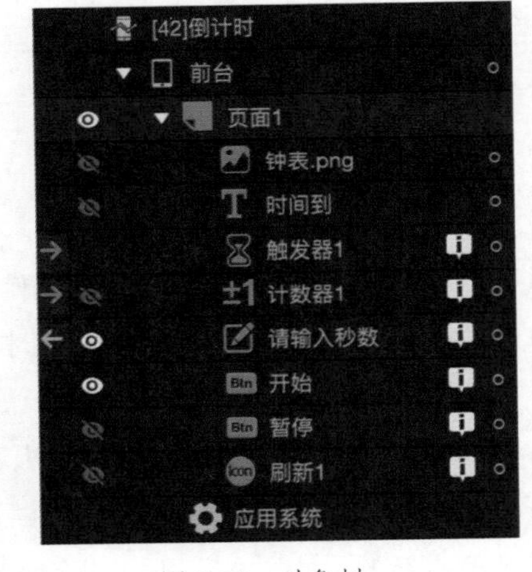

图 2-70 对象树

(3) 设置触发器属性。单击触发器属性“播放次数”右侧的“绑定”图标（见图 2-71），激活属性的绑定模式。然后单击属性框中出现的鼠标箭头，在对象树中选择输入框并在下拉菜单中选择“内容”选项（见图 2-72），这样就可以把触发器的播放次数与输入框的秒数绑定在一起。当用户在输入框中输入内容后，触发器就会触发相同次数，每次给计数器减 1，以此实现倒计时。

① 访问地址：https://file9e17b2b47d37.v4.h5sys.cn/play/th3ZYhx0?code=0819n0000aFm1Q1JiQ2001Tb9e19n002&state=chm6nsptv4bultkqi2e0。

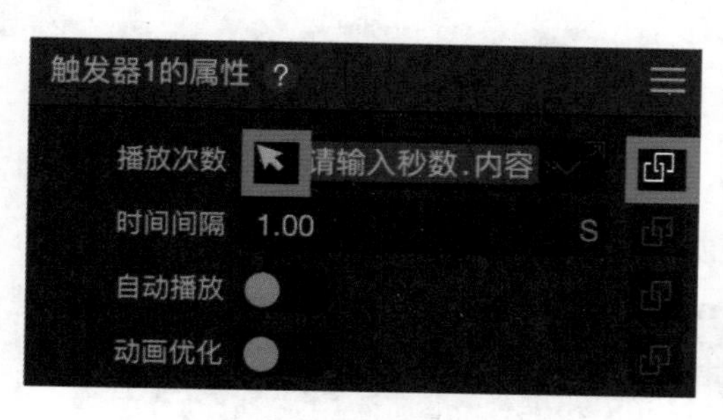

图 2-71　绑定播放次数

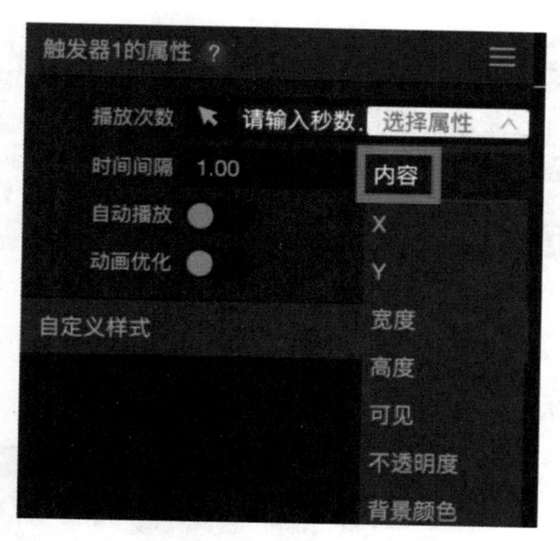

图 2-72　设置播放次数

提示

iVX 中的几乎所有属性都可通过单击右侧的“绑定”按钮激活绑定模式，开启绑定模式后可以填写表达式或者与另一对象的某一属性建立链接，绑定对象的属性将与被绑定对象始终保持一致。

（4）设置触发器事件。为触发器添加“触发”事件，目标对象为计数器，动作为“减1”。为了使倒计时在等于 0 时停止，单击“触发”条件右侧的加号（见图 2-73），为动作添加复合条件，设置第二个条件为输入框的内容大于 0（见图 2-74）。

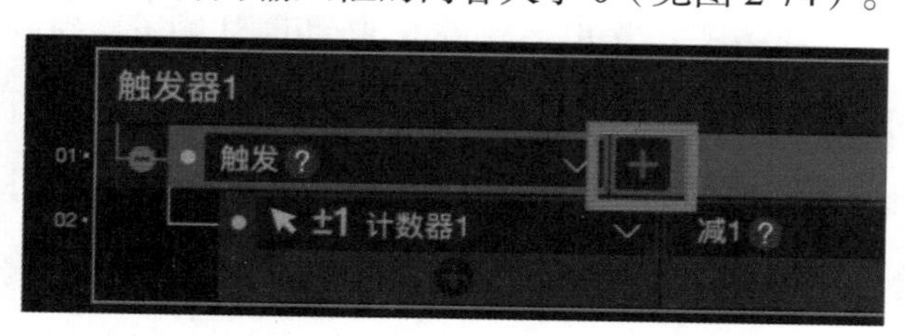

图 2-73　添加复合条件（一）

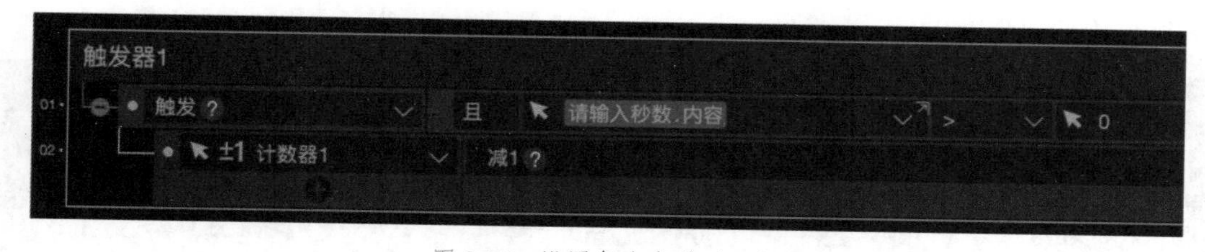

图 2-74　设置复合条件（一）

（5）设置输入框事件。当输入内容改变，且输入秒数的内容类型非空时，就给计数器赋值，值就是当前输入框的内容（见图 2-75）。

图 2-75 设置输入框事件

（6）设置计数器事件。当计数器的数值等于 0 时，倒计时结束，此时显示“时间到”提示语，隐藏“暂停”和“开始”按钮，显示“刷新”和“钟表”图片（见图 2-76）。

图 2-76 设置计数器事件

（7）设置“开始”按钮事件。当单击“开始”按钮时让触发器播放，同时显示计数器和“暂停”按钮，隐藏输入框和“开始”按钮。以上动作要在用户输入内容非空的情况下发生，因此需要进行除“点击”条件之外的逻辑判断。选中“点击”条件，单击事件面板右上方的“条件”按钮（见图 2-77），添加秒数非空的判断，将已有的动作拖入此条件下。然后选中“点击”条件，再添加一个条件判断，即用户输入内容为空时，弹出系统弹窗提醒用户“时间不能为空”（见图 2-78）。

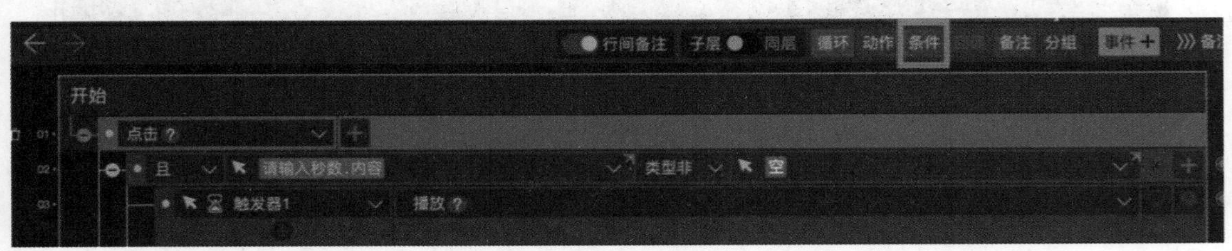

图 2-77 添加复合条件（二）

图 2-78 设置复合条件（二）

提示

① 事件的复合条件。事件的复合条件有两种添加方法，一种是直接单击事件面板右上方的“条件”按钮，另一种是单击条件右侧的“+”按钮，这两种方法都可以添加多个条件，但效果是不同的。使用单击“+”按钮的方式添加条件时，多个条件之间的关系仅有“且”关系，表示需要同时满足才会执行动作。使用事件面板右上方的“条件”按钮则可以在满足主条件的同时对不同的次要条件对应的动作做单独设置。此时多个条件之间可以有“且”和“其余”两种逻辑关系。多个“且”条件之间是并列关系，按照从上到下的顺序执行，不满足上一个“且”条件就会继续执行下面的“且”条件对应的动作。“其余”则是指，只要不满足“且”条件，其他一切情况均执行“其余”对应的动作。

② 系统提示。iVX 中的提示有弹框和提示语两种方式，都是“系统界面”的动作。弹框为强提示，用户不单击确认就无法继续操作。提示语为弱提示，默认 1.5s 后消失。

（8）设置“暂停”按钮事件。单击“暂停”按钮时让触发器暂停，同时让计数器和“开始”按钮显示，让输入框和“暂停”按钮隐藏（见图 2-79）。

（9）设置“刷新”按钮事件。单击“刷新”图标时让前台“重新加载”（见图 2-80）。

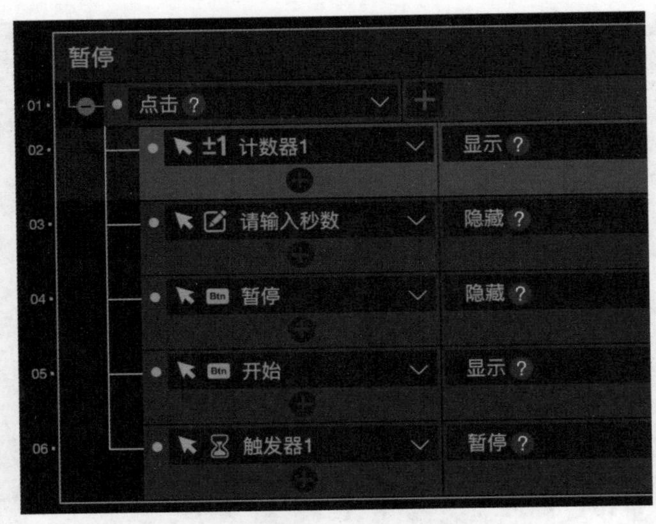

图 2-79 设置“暂停”按钮事件

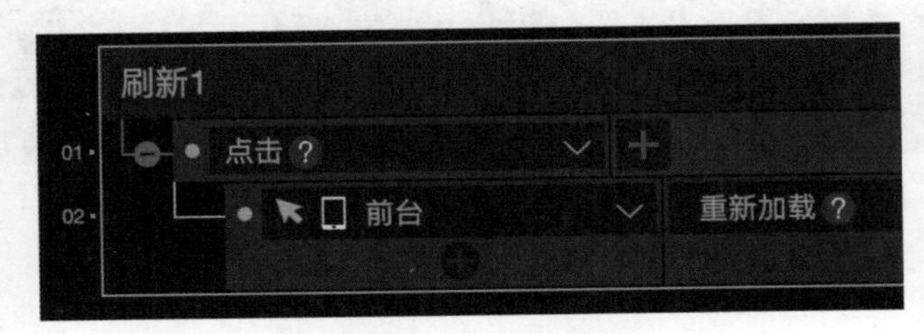

图 2-80 设置“刷新”按钮事件

(10) 设置初始显示与隐藏。在对象树中单击“钟表”图片、“时间到”文本、计数器、“暂停”按钮和“刷新”图标左侧的眼睛图标，设置这些对象为隐藏状态（见图 2-81）。

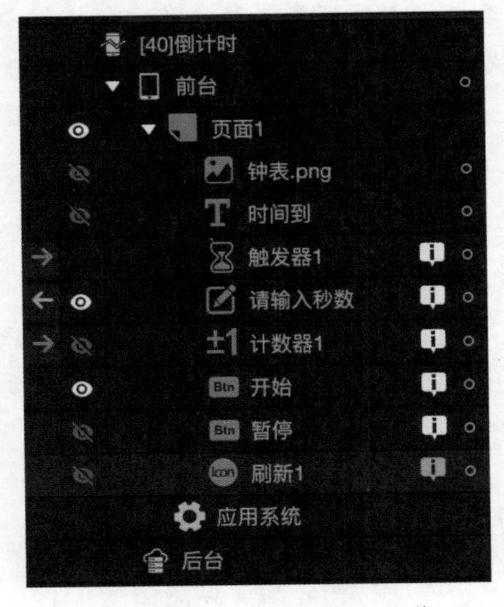

图 2-81 设置初始显示与隐藏

(11) 预览，完成。

2.5 拓展训练

（1）设计一个页面跳转的小程序，要求如下：单击按钮后，计数器生成随机整数，前台随即跳转到相应的页面。

（2）使用3个输入框，将2.4.2项目实训中的倒计时修改为用户分别输入时、分、秒，然后开始计时。

（3）尝试使用触发器制作鼠标跟随效果（见图2-82）。

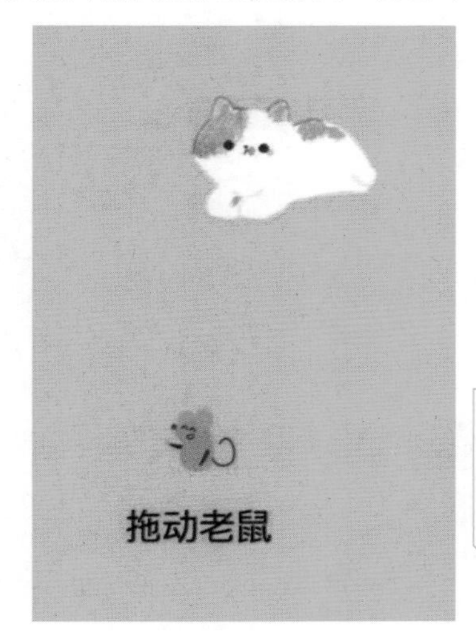

图2-82　鼠标跟随[①]

提示

触发器触发时可以设置一个图片对象的“X”和“Y”属性，改变它的位置。用户拖动一张图片时触发触发器，另一张图片便会随之跟随移动。还可以通过调整触发器的时间间隔和延时（见图2-83）来改变跟随的灵敏度。

图2-83　延时

① 访问地址：https://file9e17b2b47d37.v4.h5sys.cn/play/QqJkmF7c?code=031ep00006nm1Q1jlq300k8Jzj3ep00-&state=chm6o51tv4bultkqi6h0。

2.6 本章小结

（1）本章讲解了 iVX 交互动画的两个核心概念：“事件”与“轨迹”。事件决定了应用里所有的交互逻辑，而轨迹是所有动画的基础。计数器、触发器都是常用的交互组件，与恰当的事件或动画组合可以产生丰富的交互效果。

（2）iVX 中动画的核心工具是“轨迹”，所有的动画均可通过轨迹实现；时间轴是多个轨迹的组合，用于统筹管理多轨迹的复杂动画；动效是将常用的动画打包好的轨迹；动效组是多个动效的组合。

第3章 动画基础

3.1 组　　件

组件是 iVX 的基本功能单元，可分为前端组件、数据结构和后台组件三大模块。其中，前端组件又细分为通用、Web 环境、原生小程序、画布环境、3D 环境和广告组件；数据结构则包含文本变量、数值变量、布尔变量等各类变量；后台组件包括系统 / 引擎、逻辑组件、通信、数据库、第三方接口类组件。

在交互动画制作中使用最多的动画组件是前端的 Web 环境组件，包含动效、动效组、时间轴、滑动时间轴、时间标记、轨迹、运动和缓动 8 个组件。其中动效、时间轴、轨迹均在第 2 章有所介绍，本章将介绍其余几个动画组件。

3.2 动效与动效组

3.2.1 动效的使用场景

动效是动画效果或动态效果的简称，iVX 中的动效组件能调用系统预置的动效库为对象添加动画效果，并对动效的触发时机、循环次数等进行控制。动效类型包括强调动效、进场动效、离场动效，每一类都有非常多样化的效果可供选取。动效是一类应用极为广泛的互联网视觉元素，它既具备一定的功能性，又能让画面更为生动，其基本应用场景如下。

（1）传递层级信息。 动效能够呈现元素的有序进场、离场，页面的转换，对某些元素进行强调，使视觉效果分级呈现，更加符合认知逻辑。

（2）视觉信息反馈。 通过添加动效，用户能直观地感受到某些交互的当前流程和运行结果。

（3）交互功能提示。 动效可以非常直观地对产品的交互功能进行演示，让用户更直观地了解一款产品的核心特征、用途、使用方法等细节。

（4）增加亲和力和趣味性。 除了一些功能化场景，为一些静态元素添加合理的动效还能增加画面的亲和力。

3.2.2 动效的添加

要为某一个对象（通常是有视觉实体的对象，如图片、文本、视频等）添加动效，首先需要在对象树中选取该对象，单击前台左侧工具栏中的“动效”图标即可完成添加（见图 3-1）。同一个对象下可以添加多个动效，多个动效可以使用动效组进行统一管理。

添加动效后，可在左侧属性面板中调整相关属性，包括动效类型（见图 3-2）、触发时机、动画时长等。动效可使用动效组或触发器来触发播放。通过“启动延时”属性可以设定动效从触发到播放的间隔时长，默认为 0s，即不延时。

图 3-1　添加动效

除了系统默认的类型和属性，用户还可以通过“编辑动效”按钮（见图 3-3）打开动效编辑窗口（见图 3-4），自定义动效样式。

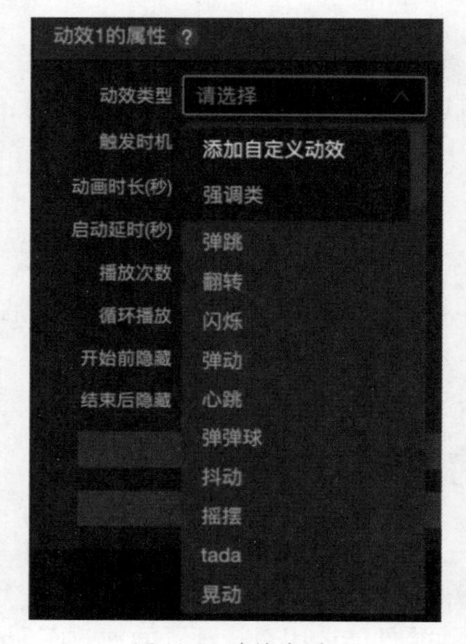

图 3-2　动效类型

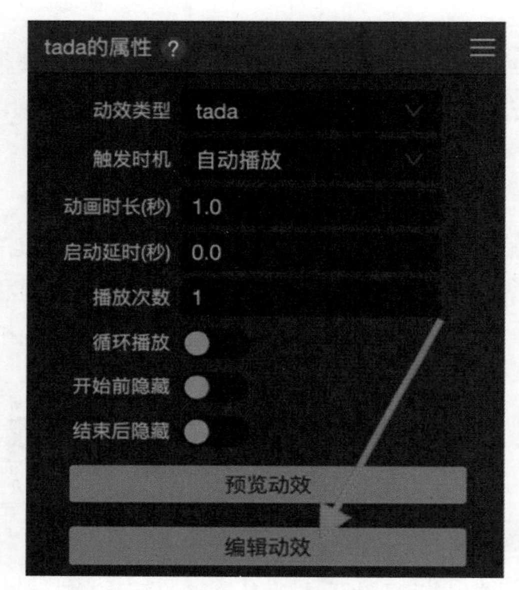

图 3-3　“编辑动效”按钮

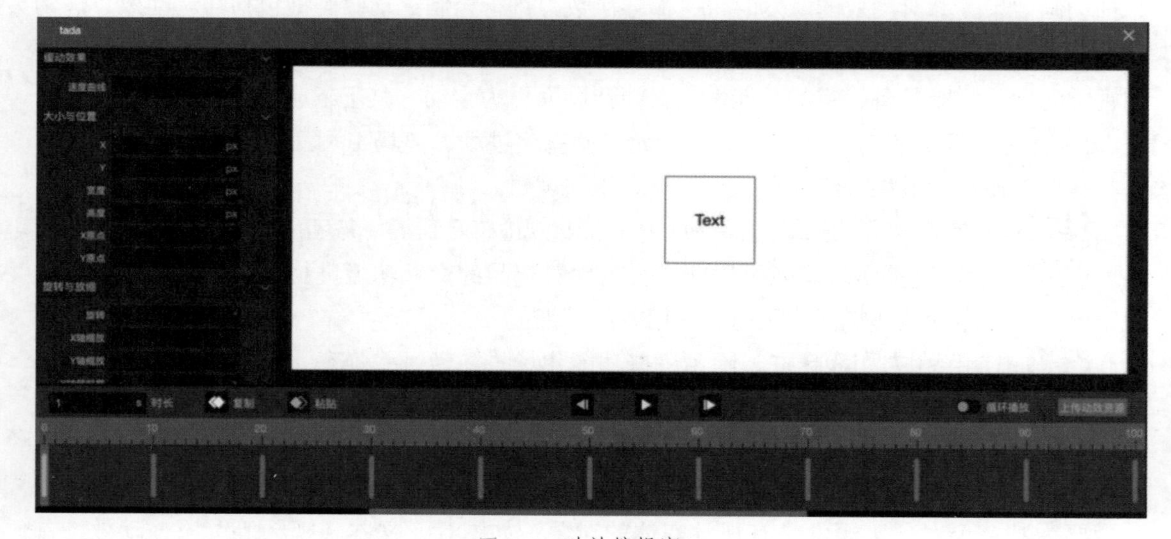

图 3-4　动效编辑窗口

总之，动效本质上是打包好的一系列关键帧动画，充分利用动效可以大幅提高动画制作的效率。

3.2.3 动效组

动效组用于对一组动效进行集中管理和触发，需与动效搭配使用。使用动效组，可以对同一个元素的一组动效进行统一管理和触发，建立一些固定的动效序列。该动效序列可以通过复制与粘贴的方法被其他对象使用。

如果要对某对象添加动效组，首先需要选中该对象，单击“动效组”按钮即可完成添加（见图 3-5）。同一个动效组中可以添加若干动效。在编辑状态下，可以设定该动效组是否自动播放，该属性默认开启。在非编辑状态下，可以通过“播放”事件触发动效组的播放。动效组的每个动效均可通过“启动延时”属性调整触发时机。

图 3-5　添加动效组

3.2.4 项目实训：动效果汁

本项目实训如图 3-6 所示。

图 3-6　动效果汁①

★项目概述：本案例使用与第 2 章 2.2.4 项目实训“冰冻果汁”相同的素材，以动效的方式完成动画，读者可以从中体会轨迹与动效的区别和联系。

★技能要点：动效的添加和使用。

★开发步骤：

（1）新建应用。新建 WebApp，使用绝对定位环境。新建空白页面。

（2）导入素材。

（3）新建对象组。清空对象组背景颜色，将杯子和吸管拖入对象组。调整所有素材位置的上下关系（见图 3-6）。

① 访问地址：https://file9e17b2b47d37.v4.h5sys.cn/play/sTDXLTsx?code=011wxy000AvU1Q1YPP000OQyzX1wxy0b&state=chm6odptv4bultkqicrg。

（4）添加动效。给奇异果添加“弹性进入（从左）”动效，给橙子添加“弹性进入（从右）”动效。

（5）添加动效组。为对象组添加动效组，在动效组中添加“弹性进入（向下）”和“摇摆”两个动效（见图 3-7）。注意动效的播放顺序是按照对象树从下到上的顺序播放的。

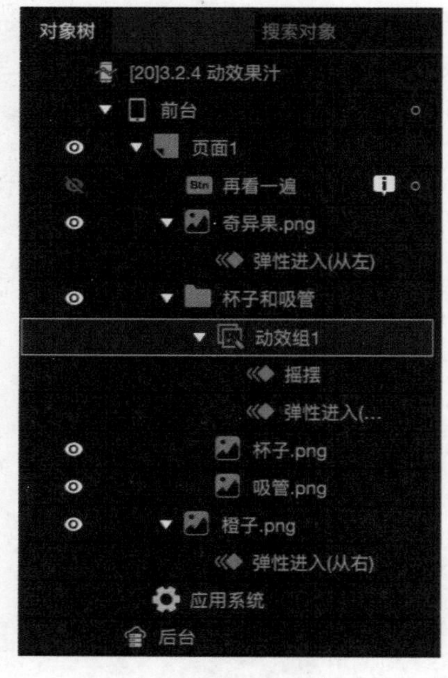

图 3-7　添加动效组

（6）调整动效的时长。为了让各素材的动效丰富生动并且互相配合，需要适当调整各个动效的动画时长。将奇异果的动效时长设为 0.5s，橙子的动效时长设为 1s，动效组的“摇摆”和“弹性进入（向下）”的动效时长均为 0.5s。

（7）添加“再看一遍”按钮。动效默认的触发时机为“自动播放”，所以预览会发现动画已经自动播放完成。如果用户希望重新观看，就要通过单击按钮来实现。新建按钮，关闭对象树上的眼睛图标，使按钮在初始状态下是隐藏的。给按钮添加“显示”事件，当前台“初始化”时让“再看一遍”按钮显示，然后单击动作面板最右侧的延时按钮，将延时设置为 1 s，这样所有动效结束后按钮就会自动显示出来。再添加按钮的“点击”事件，用户单击按钮后让前台“重新加载”，整个动画就会重新播放（见图 3-8）。

图 3-8　按钮事件

（8）预览，完成。

3.3 滑动时间轴

3.3.1 滑动时间轴概述

滑动时间轴是一种特殊的时间轴，与时间轴一样，单独存在没有意义，它起到统合其内部多个对象轨迹的作用，但是滑动时间轴也与时间轴有比较大的差别。

（1）时间轴没有实际的大小，而滑动时间轴在创建时就会要求给定范围大小，只有在这个范围内的滑动才会播放时间轴内的轨迹动画。

（2）时间轴上所有对象会按照设定的轨迹随时间播放，滑动时间轴内的轨迹动画则是通过在滑动时间轴范围内的滑动交互来播放的。

3.3.2 项目实训：滑动天气

本项目实训如图 3-9 所示。

图 3-9 滑动天气①

★项目概述：本案例中的天气素材分为 4 组，每组都有天气图标、温度、天气情况 3 个素材。由于滑动动画中既有 3 个素材一起的整体运动，又有单独图标的运动，所以我们需要使用 4 个对象组来分别控制小组动画。按照天气由早上到下午的时间设置对象组的背景色为同一色系由浅变深的色彩，可以在视觉上更为和谐统一。灵活使用辅助线可以提高排版效率。对象组的剪切配合对象组和图标的动画可以形成有趣的视差动画。

① 访问地址：https://file9e17b2b47d37.v4.h5sys.cn/play/pxbx09tX?code=0318CP000DBb2Q1TzJ000q3gU318CP0g&state=chm6ok1tv4bultkqif50。

★技能要点：对象组动画、滑动时间轴动画、辅助线、对象组的剪切。

★开发步骤：

（1）新建应用。新建 WebApp，使用绝对定位环境。

（2）新建空白页面。

（3）新建滑动时间轴。在页面中新建滑动时间轴（见图 3-10）。使用鼠标画出一个范围，然后在属性面板中修改滑动时间轴的大小为前台默认大小 375px × 667px，删除背景颜色，位置 X、Y 均为 0，时长为 3s（见图 3-11）。

图 3-10　新建滑动时间轴

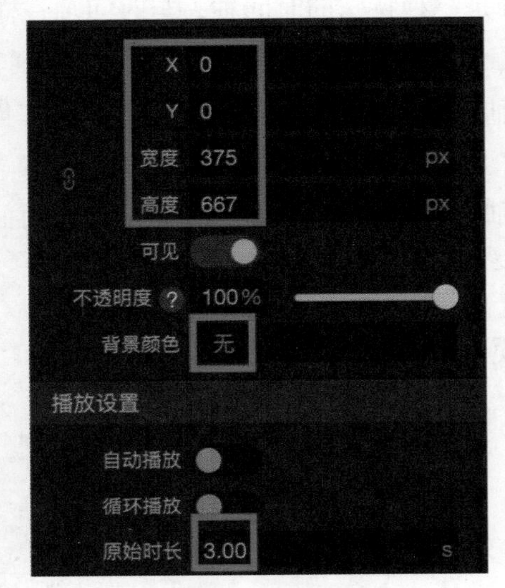

图 3-11　调整滑动时间轴参数

（4）新建对象组。在滑动时间轴内新建一个对象组（见图 3-12），调整其大小为前台默认大小 375px × 667px，位置 X、Y 均为 0（见图 3-13）。

图 3-12　新建对象组

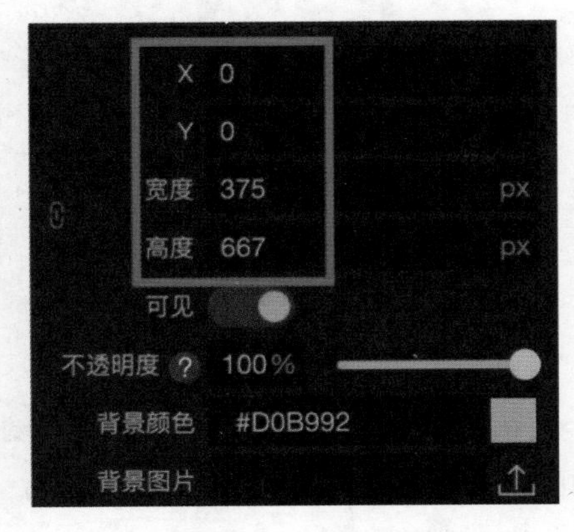

图 3-13　调整对象组参数

（5）复制对象组。选择对象组，按 Ctrl+C 组合键完成复制，再选择滑动时间轴并按 Ctrl+V 组合键粘贴 3 次对象组。

（6）调整对象组。通过复制和粘贴，我们得到了 4 个一样的对象组，在对象树上将这

4个对象组按照从上到下、从大到小的顺序排列（见图3-14）。为了提高排版效率，在页面中画5条横向的辅助线和2条纵向的辅助线。按住鼠标左键在页面左侧或上侧的标尺上拖曳即可新建辅助线（见图3-15）。横向的辅助线纵坐标分别是130、260、390、520、667，纵向的辅助线横坐标分别为80、210，完成后如图3-16所示。分别设置对象组1～对象组4的X、Y位置为（0, 0）、（0, 260）、（0, 390）、（0, 520），同时按照从浅到深设置各个对象组的背景色。

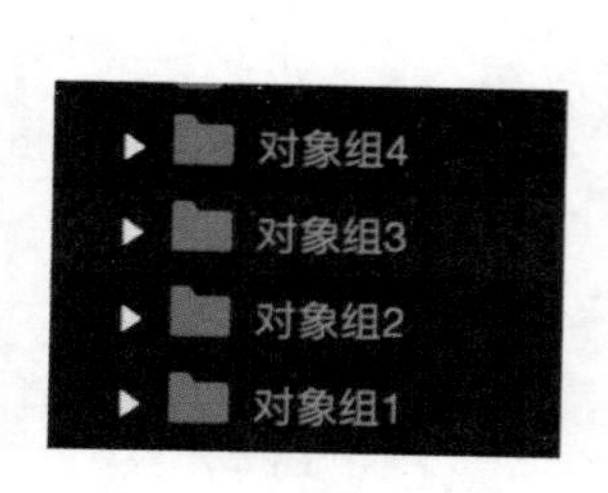

图3-14　对象组排列

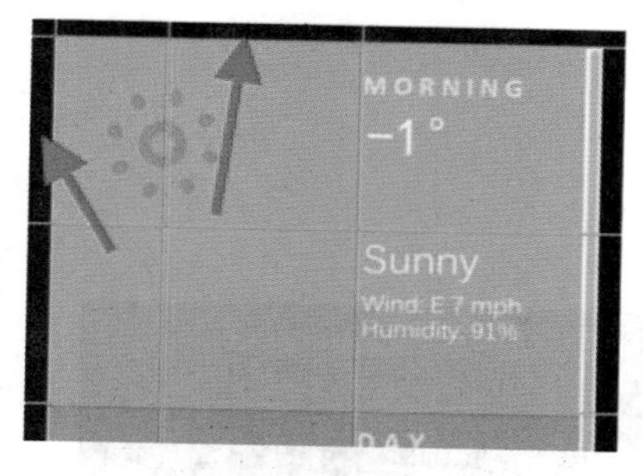

图3-15　标尺

（7）导入素材。按照素材的编号顺序依次选中对象组1～对象组4，分别导入各组素材，也可以一次全部导入后按照编号拖入对应的对象组中。每个对象组中都有天气图标、温度、天气情况3个素材。按照图3-17的版式进行缩放和调整，缩放时先锁定图片属性面板中的宽高比（见图3-18），防止图片在缩放时变形，注意利用参考线排版。对象组1中的所有元素都正常显示，其余对象组中的天气情况部分被上一层遮挡，但是仍在正确位置上，后面添加动画后就会正常显示。

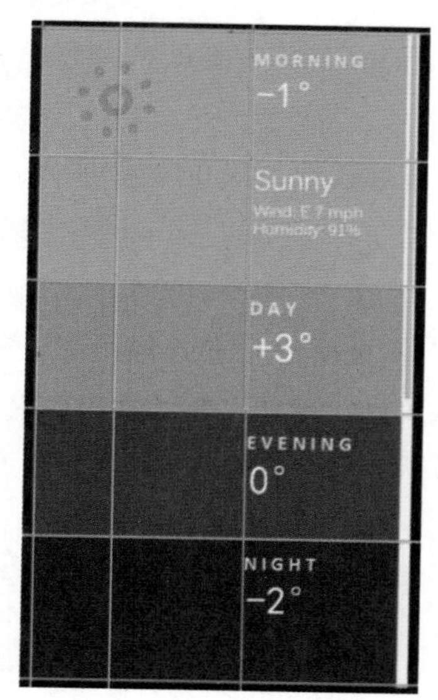

图3-16　添加辅助线

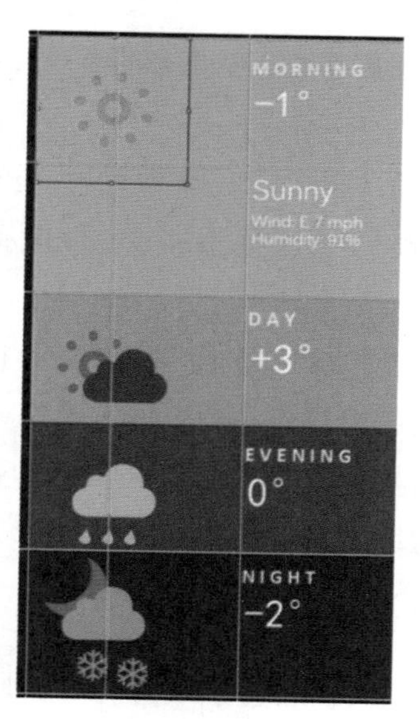

图3-17　调整素材

（8）制作对象组1的轨迹动画。对象组1在最底层，没有组动画，因此只需给太阳添加落下的轨迹动画即可。在0s处添加开始关键帧，X、Y坐标为（0, 0），移动时间线到1s

处添加关键帧，X、Y 坐标为（0, 130）。

（9）制作多云图标的轨迹动画。对象组 2 有向上的整体动画，同时多云图标也有从上往下的动画。首先将对象组 2 的多云图标和对象组 1 的太阳图标重叠对齐（见图 3-19），这时多云图标的位置已经超出了对象组 2 的上边缘。给多云图标添加轨迹，并将时间线移动到 0s 位置，添加关键帧，X、Y 坐标为（0, −260）。移动时间线到 1s 位置，添加关键帧，X、Y 坐标为（0, 130），完成多云图标的下落动画。

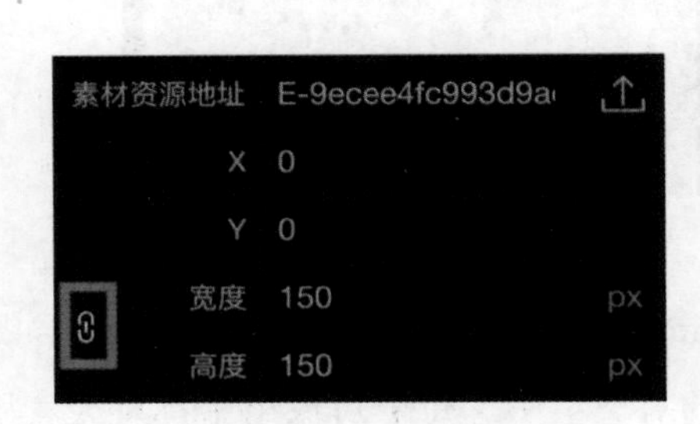

图 3-18　锁定宽高比

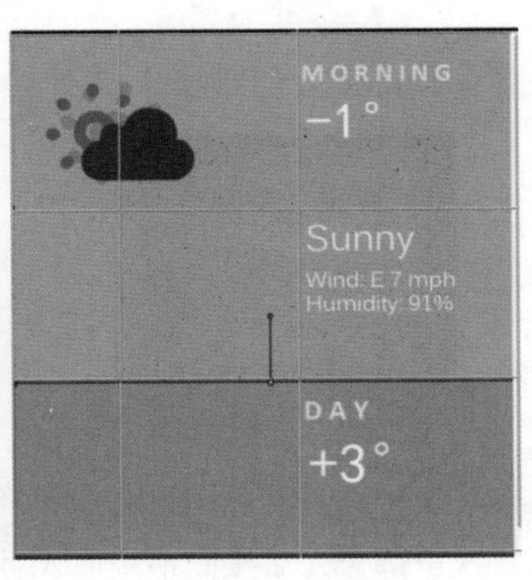

图 3-19　多云图标初始位置

> **提示**
>
> iVX 前台的坐标原点为左上角，坐标值为（0, 0）。对象组自身的位置以前台原点为基准，但对象组内部对象的坐标均以对象组的左上角为原点，因而是相对坐标。超出对象组上边缘的 Y 坐标为负值，超出左边缘的 X 坐标为负值。

（10）制作对象组 2 的轨迹动画。给对象组 2 添加轨迹，在 0s 处添加 X、Y 坐标为（0, 260）的关键帧，在 1s 处添加 X、Y 坐标为（0, 130）的关键帧，完成对象组 2 的整体上移动画。

（11）设置对象组剪切。播放 0 ～ 1s 动画可以发现所有元素的运动都正常，但两个图标没有产生交替的视差动画，这是因为对象组默认关闭“剪切”属性。选择对象组 2，在属性面板的“剪切”属性中选择“是”选项，多云图标会消失。此时播放动画，两个图标在对象组 2 的上边缘处发生交替，完成视差动画。

> **提示**
>
> 前台、页面、对象组均有“剪切”属性，默认为“否”。通过设置“剪切”属性可以决定超出父对象边缘的子对象是否显示，当“剪切”属性设为“是”时，如果子对象有动画经过父对象的边缘，就会产生子对象逐渐消失或者出现的动画效果。

(12) 设置其余动画。按照步骤（8）～（11）继续完成对象组 3 和对象组 4 的轨迹动画（见图 3-20），各关键帧参数如表 3-1 所示。

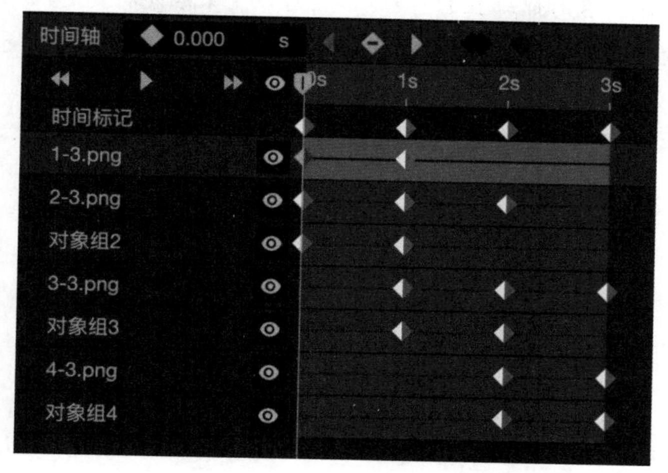

图 3-20 关键帧

表 3-1 各关键帧参数表

对　　象	0s	1s	2s	3s
对象组 1	—	—	—	—
太阳图标	0, 0	0, 130	—	—
对象组 2	0, 260	0, 130	—	—
多云图标	0, −260	0, 0	0, 130	—
对象组 3	—	0, 390	0, 260	—
下雨图标	—	0, −260	0, 0	0, 130
对象组 4	—	—	0, 520	0, 390
下雪图标	—	—	0, −260	0, 0

注：“—”表示无关键帧。

(13) 添加时间标记。分别在 0s、1s、2s、3s 处添加时间标记（见图 3-21），并设置滑动时间轴“滑动效果”属性为“自动跳转控制点”（见图 3-22）。这样，用户在滑动过程中如果中途停止，动画就会自动跳转到最近的时间标记处，避免动画卡在中途影响体验。

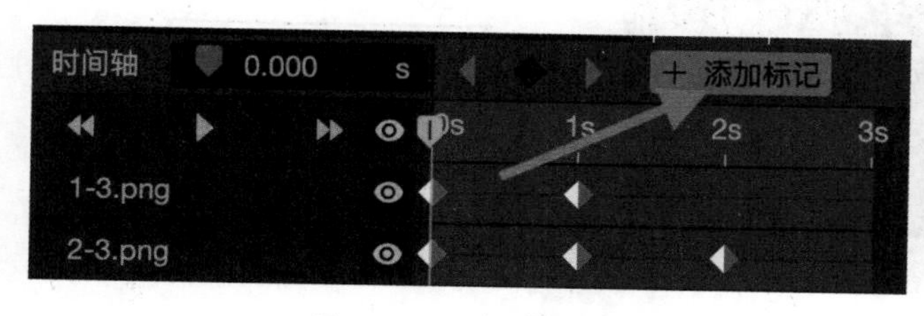

图 3-21 添加时间标记

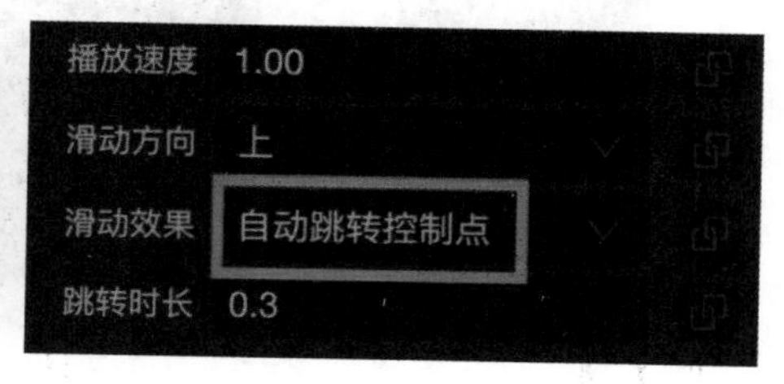

图 3-22 自动跳转控制点

提示

时间标记是添加在时间轴上的特殊组件，可以用来触发特定时间点的事件。例如，当时间轴播放至某时刻时播放某个音频素材或者轨迹动画，都可以使用时间标记来触发事件。

（14）预览，完成。

3.4 运动与缓动

运动和缓动都是在画布下才能添加的动画组件（见图 3-23）。运动是一种基准化的动画组件，给定移动的方向、初始速度和加速度，就可以让其父对象进行线性移动，并在加速度的影响下实现相应的加速 / 减速运动。通过控制速度和加速度的方向，还能让对象实现抛物线轨迹的运动。

缓动是对象的线性迁移，添加缓动并设定参数后，对象在滑动开始播放后会从当前位置按照设定的方向、距离和时间进行移动。与运动相比，缓动没有使用速度和方向来控制动画，特别是没有加速度和加速度方向的调节，因此只能制作直线运动，但“移动方式”属性中有多种预设可供使用（见图 3-24）。

运动和缓动中的所有“方向”都是以顺时针旋转度数来表达的。0° 为正右方，90° 为正下方，180° 为正左方，270° 为正上方（见图 3-25）。

图 3-23　运动和缓动

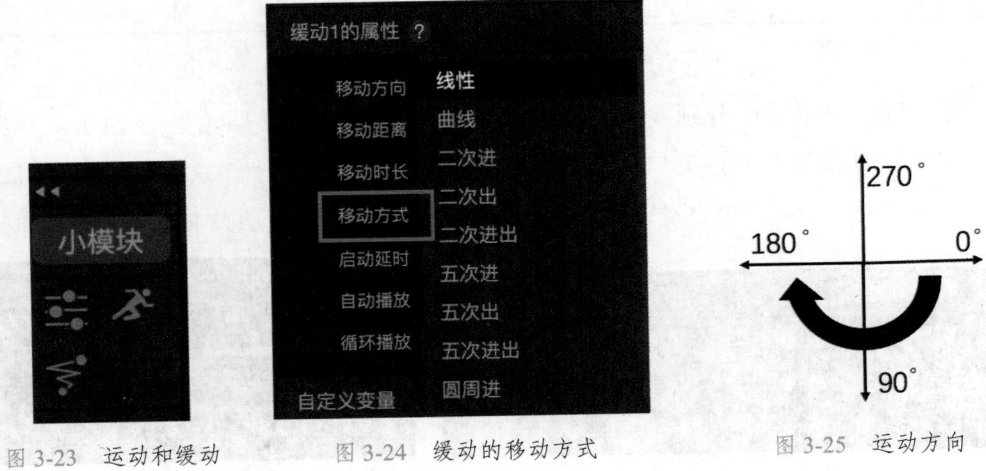

图 3-24　缓动的移动方式

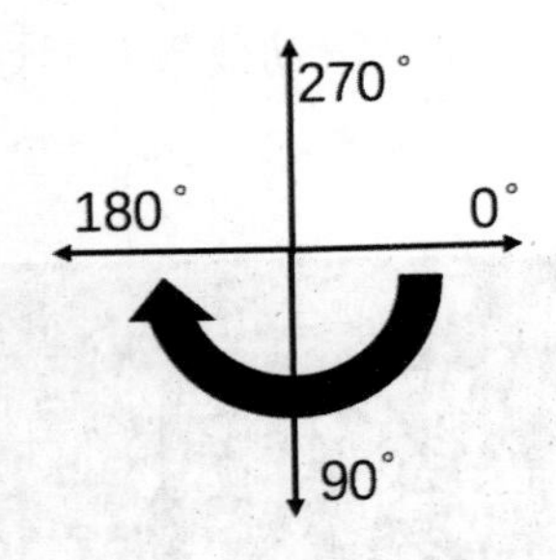

图 3-25　运动方向

3.5 图片序列与面板

3.5.1 图片序列

图片序列组件用于管理和展示一组有序排列的图片素材组。播放时依序播放，任意时间内仅展示一张图片，经过若干时间间隔后移除该图片，展示下一张（或上一张）图片。如果图片前后相接，利用人眼的视觉暂留，则将形成近似于动画、视频的效果。图片序列组件支持使用 .gif 或 .zip 格式的图片包，系统将自动拆解为逐张图片；系统支持重新定义图片顺序，为每张图片定义播放时长。

图片序列组件可以实现更流畅的动画效果，常用于以下场景。

（1）图片组的展示：图片序列可以自动播放一组图片，实现多图展示。

（2）模拟视频、动画效果：由于移动设备播放器的种种限制，使用视频组件时经常会出现兼容性问题。在对视频质量要求不是很高时，可以使用图片序列代替视频，避免兼容性问题，同时能够实现更为流畅的播放效果和更丰富的交互方式。

（3）实现一些特殊效果：例如，制作手指上下滑动开关门的效果，只需将制作好的开门动画以图片序列的方式导入，然后设置滑动方向为“上”或“下”（见图 3-26），关闭双指缩放即可实现开门和关门动画。又如，可以通过“播放至某一帧”事件监听图片序列的播放，在此基础上，我们可以添加条件判断，当播放至不同帧时执行差异化的动作（见图 3-27）。

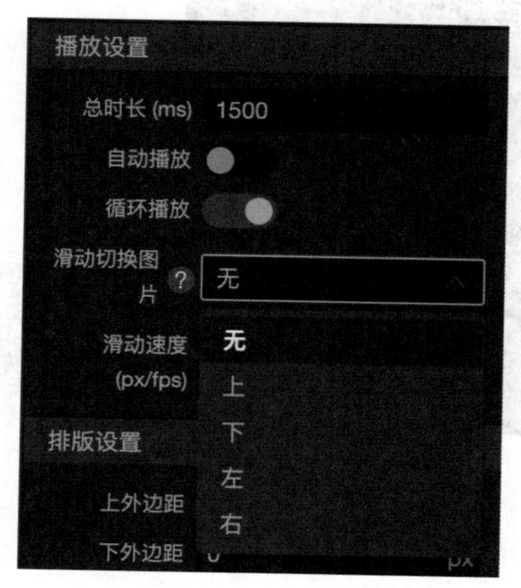

图 3-26　滑动切换图片

图 3-27 “播放至某一帧”事件

3.5.2 面板

面板组件是一种自带滚动（或滑动）功能的内容显示组件，常用于制作长页面或滚动刷新列表。当面板内子对象在某方向上（竖直或水平）的长度大于面板视窗本身时，我们可以在该方向上通过滚动或滑动浏览子对象内容。面板还能够检测上拉、下拉等用户行为，并自带上拉加载、下拉刷新等动画效果。H5 中的长图案例经常使用面板的滚动功能。长图又分为横向和纵向两类。面板实现的长图效果交互有限，主要靠内容和创意吸引用户。如果想要实现滑动过程中更加丰富的交互，如滑至某一特定位置时播放声音或动画，就要使用本章 3.3 节介绍的滑动时间轴配合时间标记来实现。

3.5.3 项目实训：蓝色星球

本项目实训如图 3-28 所示。

图 3-28 蓝色星球[①]

★项目概述：使用图片序列制作 360° 展示动画。

① 访问地址：https://file9e17b2b47d37.v4.h5sys.cn/play/ypzHMWzj?code=011OZpGa1y0XkF0FJ2Ia12Z4ja0OZpGj&state=chm6oshtv4bultkqii70。

★技能要点：

（1）添加图片序列。

（2）设置图片序列的属性和事件。

★开发步骤：

（1）新建应用。新建 WebApp，使用绝对定位环境。新建空白页面，设置页面背景颜色为黑色。

（2）导入图片序列。使用图片序列组件在页面中导入多张图片素材并调整大小和位置。

（3）新建文本。在页面中新建文本，用来显示各大洲的名字。由于第1帧是亚洲，可以暂时输入文本内容为“亚洲”。

（4）设置图片序列属性。打开循环播放，设置图片序列的“滑动切换图片”属性为“右”（见图3-29）。

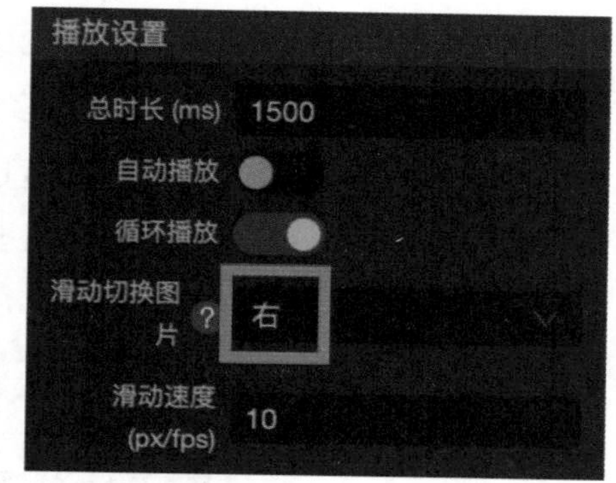

图 3-29　滑动切换图片

（5）设置图片序列事件。给图片序列添加“播放至某一帧”事件，并添加复合条件：当“帧序号”等于1时给文本赋值“亚洲”，“帧序号”等于10时给文本赋值“非洲”，“帧序号”等于30时给文本赋值“美洲”，“帧序号”等于50时给文本赋值“大洋洲”（见图3-30）。

图 3-30　图片序列事件

（6）预览，完成。

3.6 画 中 画

3.6.1 画中画概述

画中画是一种特殊的一镜到底，本书第 1 章中图 1-1 所示的《娱乐圈画传 2019》案例就使用了这种方式。画中画通过对多张图像的缩放拼接在不同场景中穿梭，给人带来新奇的视觉体验。从技术上看，画中画就是时间轴动画，其关键在于对画面内容连贯性的设计，即一个场景到另一个场景的转换是否合理、巧妙、自然。

3.6.2 项目实训：画中画

本项目实训如图 3-31 所示。

图 3-31 画中画[①]

★项目概述：使用缩放关键帧动画和时间轴制作画中画。

★技能要点：

（1）素材的准备。画中画的素材要经过较大缩放，因此需要有足够的分辨率。具体大小应该和画面缩放程度相关，本案例中原始素材分辨率为默认前台分辨率的 8 ～ 10 倍。同时要注意，分辨率也不是越大越好。要在保证清晰度的情况下尽量控制图片大小，采用适当的图片格式和压缩率以保证案例的流畅性。

（2）多轨迹动画之间的配合。画中画的原理是上一张图片是下一张图片中的一部分，

① 访问地址：https://file9e17b2b47d37.v4.h5sys.cn/play/ITXwQTS2?code=051Gw0000Esm1Q10xa400OOWYB1Gw00R&state=chm6p2htv4bultkqikdg。

开始时上一张图片以 375 × 667 占满整个画面，下一张图片中相同内容的画面需要放大与上一张对齐，超出画面的部分由于前台的剪切被隐藏。随着两张画面同时缩小，下层的画面逐渐显露出来。上层画面最终缩小并停止在下层画面中的某一部分上方，而下层图片从超出画面的放大状态不断缩小，先到以 375 × 667 占满整个画面的状态，再继续缩小到第三张图片的某处为止。后面不断重复以上步骤即可完成整个动画。

（3）时间轴事件。时间轴的播放与暂停也可以设置触发事件，例如，本案例中利用时间轴的“结束”与“反向结束”事件触发“播放”与“回放”按钮的显示与隐藏。

（4）画布的使用。画布（canvas）是一种依赖分辨率的位图环境，支持通过 JavaScript 即时绘制图形，可用于绘图、渲染图形、创建动画、处理图像与文字。画布具有优于普通环境的动画处理能力，可以使动画和游戏体验更为流畅。

★开发步骤：

（1）新建应用。新建 WebApp，使用绝对定位环境。新建空白页面。

（2）导入素材。在页面中新建画布，在画布中新建时间轴，调整时间轴原始时长为 4s，把素材导入时间轴，并按照从上到下的顺序排列。

（3）调整素材。调整每个素材的“原点横坐标”和“原点纵坐标”均为 50%（见图 3-32）。

（4）添加轨迹。为每个图片添加轨迹，并调整“轨迹类型”为“直线”（见图 3-33）。

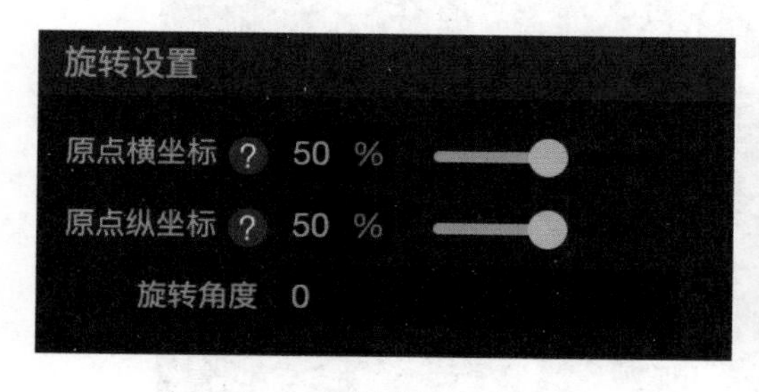

图 3-32　调整原点坐标

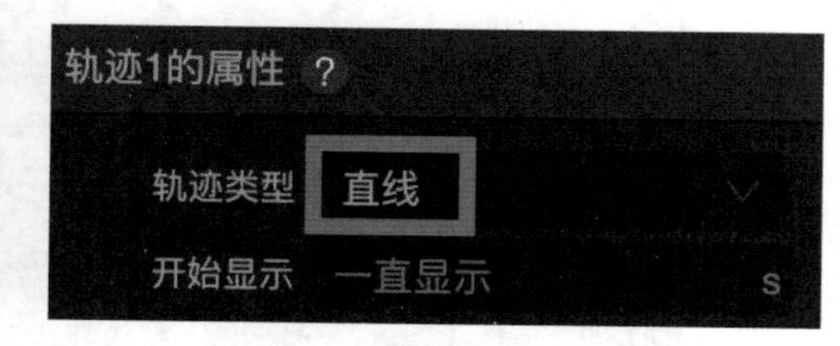

图 3-33　设置轨迹类型

（5）设置关键帧。在图片 1 的 0s 处新建关键帧，设置图片 1 的分辨率为 375 × 667，调整其位置为（188, 334），因为前面已经调整了每张图片的原点坐标，所以此处的坐标为原始坐标的一半。降低图片 1 的不透明度（见图 3-34），露出下层图片 2。选中图片 2，在 0s 处新建关键帧，移动和缩放图片 2，使其中的老虎图像与上层的图片 1 完成重合。在 1s 处新建图片 2 的关键帧，将其缩小至 375 × 667，并调整位置为（188, 334）。在 1s 处给图片 1 新建关键帧，缩小图片 1 并摆放位置，使其与图片 2 中女士手提袋中的画面完全重合。最后恢复图片 1 的透明度，并将其出点关键帧拖动至 1s 处即可（见图 3-35）。

图 3-34　调整不透明度

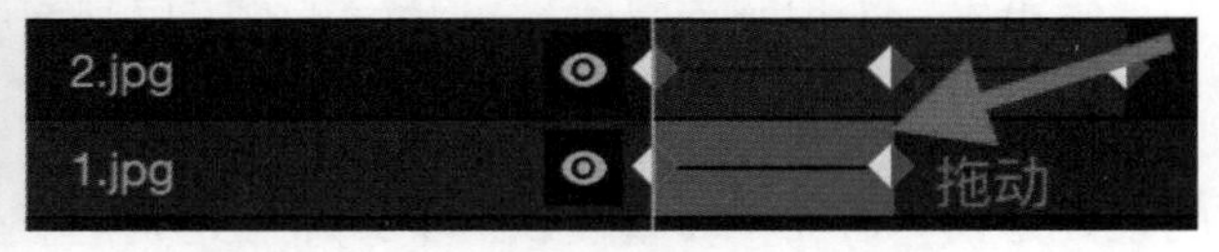

图 3-35　调整出点

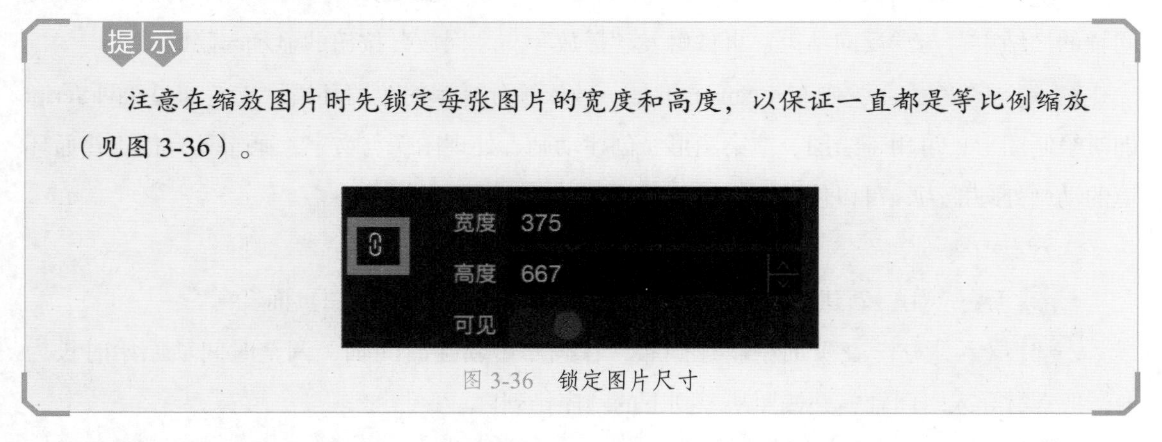

提示

注意在缩放图片时先锁定每张图片的宽度和高度，以保证一直都是等比例缩放（见图 3-36）。

图 3-36　锁定图片尺寸

（6）设置其他图片的关键帧。重复步骤（5），为其余图片依次设置缩放动画。完成后的时间轴如图 3-37 所示。

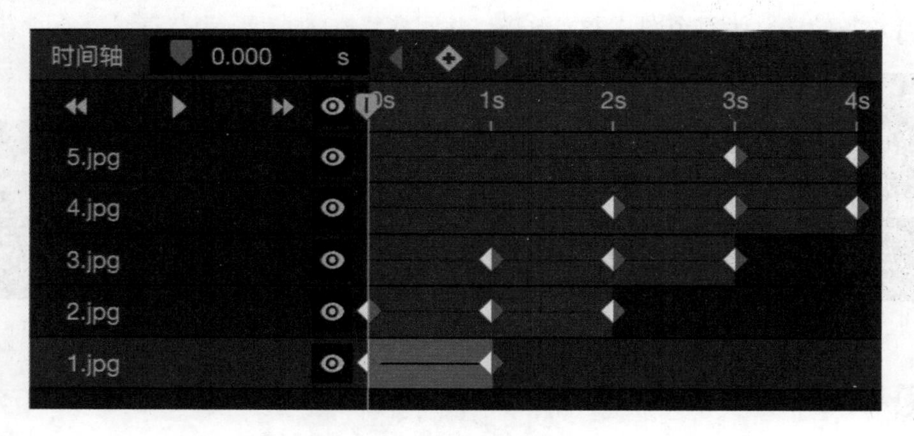

图 3-37　完成后的时间轴

（7）设置“播放”和“回放”按钮事件。在页面中新建两个按钮，按钮文本为“播放”与“回放”。给“播放”按钮添加事件，“手指按下”时让时间轴“播放”，“手指离开”时让时间轴“暂停”（见图 3-38）。给“回放”按钮添加事件，“手指按下”时让时间轴“反向播放”，“手指离开”时让时间轴“暂停”（见图 3-39）。将“播放”按钮放在“回放”按钮上方，并关闭“回放”按钮的眼睛图标，使其默认为隐藏状态（见图 3-40）。

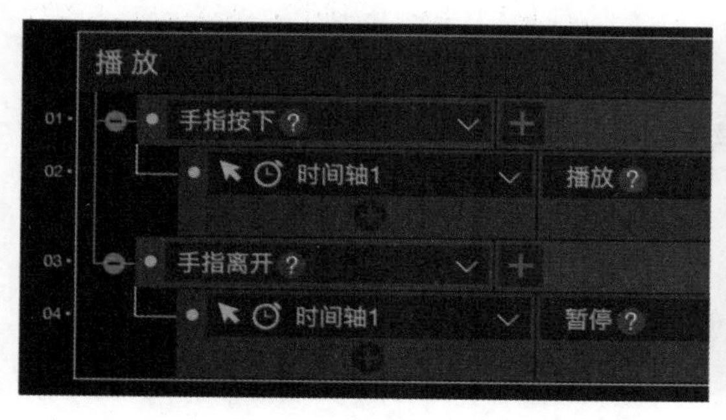

图 3-38 “播放”按钮事件

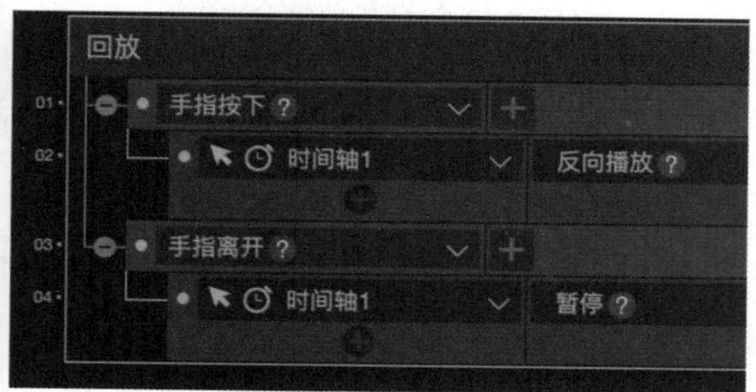

图 3-39 “回放”按钮事件

（8）设置时间轴事件。通过添加时间轴的“结束”和“反向结束”事件来控制“播放”与“回放”按钮的显示与隐藏（见图 3-41）。

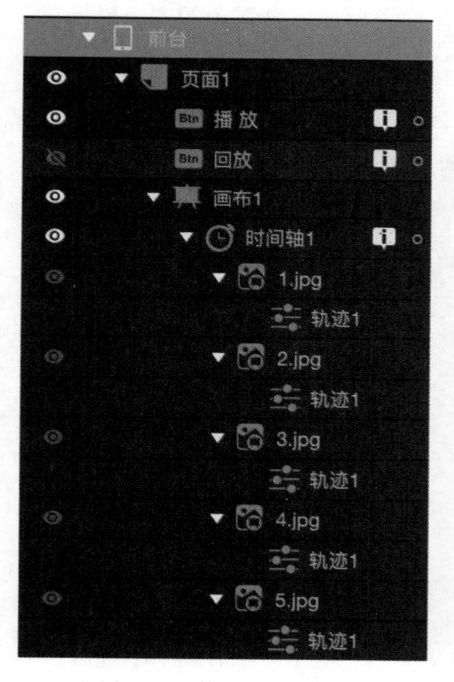

图 3-40 按钮状态调整

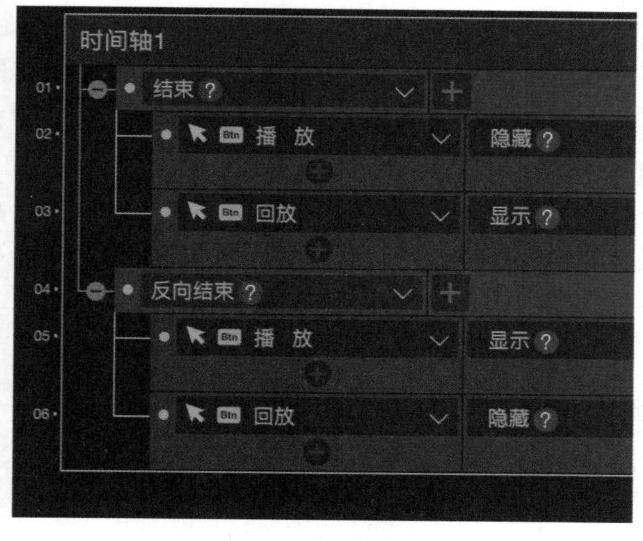

图 3-41 时间轴事件

（9）预览，完成。

3.7 拓 展 训 练

（1）使用动效编辑功能，自定义一个动效并使用它完成一个小动画。

（2）自行构思和制作一个横向的滑动时间轴交互作品。

（3）自行构思和制作一组画中画素材，选择适当的分辨率，注意画面之间的衔接关系，使用自己的素材在 iVX 中完成画中画制作。

3.8 本章小结

（1）动效是打包好的轨迹动画，充分利用动效可以提高动画制作效率。轨迹的每一个动画都需要设置关键帧和属性参数，而使用动效直接添加就会生成动画。轨迹有更大的灵活性，复杂动画还可以配合时间轴一起使用。动效则更加高效，复杂的动效可以配合动效组使用。

（2）滑动时间轴结合时间标记，配合轨迹动画和动效，可以实现丰富的横屏或者竖屏交互效果。

（3）图片序列具有一些与视频类似的控制选项，有时候为了解决视频的兼容性问题，也可以将比较短小的视频转换成图片序列使用。如果直接将图片序列拖入前台后无法正常播放，可以通过单击左侧工具栏中的“图片序列”按钮来导入素材。

（4）画中画是一种特殊的时间轴动画，它巧妙地利用了两张图片相同的部分进行缩放，使观众产生一种一镜到底的沉浸感。画中画的核心是图片设计时前后转换合理有趣，同时要保证合适的分辨率。

第 4 章

全景与 3D 世界

4.1 全　　景

4.1.1 全景概述

全景是一种特殊的交互效果，它通过全景摄像机拍摄获得全景图像，再采用计算机图形图像技术解析全景图像，并构建出全景空间，让用户能够控制浏览的方向，通过上下左右远近的自由变换，带来身临其境的视觉体验。与传统的 3D 建模相比，全景容器制作简单，数据量小，系统消耗低，且更有真实感。

iVX 中的全景效果与手机中的全景拍摄是完全不同的。手机中的“全景”通过横移手机连续拍摄多张照片，然后自动拼合成一张超宽的照片，可用于拍摄视角开阔的大场景。观看时这类全景照片仍然是一张静态图片，唯一的不同是非常宽。iVX 中的全景是一种特殊的交互效果，用户可以通过鼠标或者手机触屏任意旋转观看，更具沉浸感。这种技术可以实现诸如地图街景或房地产广告中的 VR 看房效果。

iVX 中的全景容器可实现 720° 全景，覆盖了用户视点的上下左右全部范围。我们可以将用户视点想象为一个球形的球心位置，球面需要贴上一张特殊的图片，这种图片是使用专门的全景相机拍摄的球面全景图（见图 4-1），图的顶部和底部都被极度拉伸成一条直线，左右两侧可以无缝拼合在一起。专业全景相机（见图 4-2）通过多个镜头同时拍摄，在机内实时合成的方式生成全景图片或视频。此外，还可使用便携式全景相机（见图 4-3）或直接插在手机上的全景镜头拍摄全景素材。普通用户如果没有以上硬件设备，也可以使用 PTGui 等全景合成软件自行拼合全景图。

iVX 对全景图片的格式要求如下。

（1）图片为 .jpg 格式。

（2）图像宽高比为 2 ： 1。

（3）图像小于 100MB 且宽小于 15 000px。

（4）图像需包含 360° ×180° （即水平方向为 -180° 到 180° ，垂直方向为 -90° 到

90° ）的内容。

图 4-1　球面全景图

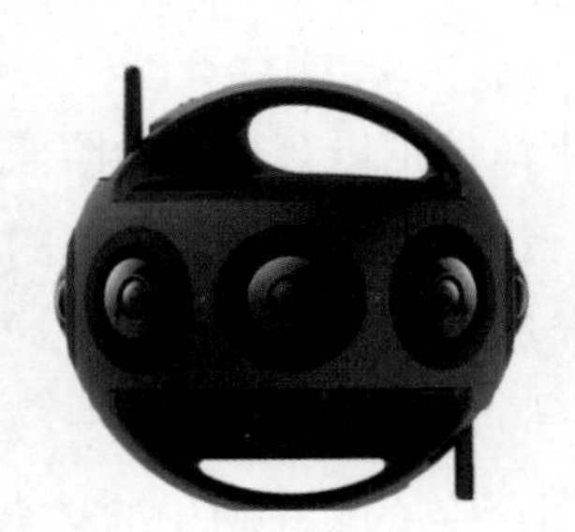

图 4-2　专业全景相机

图 4-3　便携式全景相机

4.1.2 项目实训：720° 全景风光

本项目实训如图 4-4 所示。

图 4-4　720° 全景风光①

① 访问地址：https://file9e17b2b47d37.v4.h5sys.cn/play/zKqfdi1S?code=011HBh000z4D1Q1Lbo200fBV6t4HBh0u&state=chm6pahtv4bultkqioeg。

★项目概述：使用手机或相机自行拍摄素材，利用全景合成软件合成全景照片，使用iVX制作全景交互应用。

★技能要点：

（1）全景拍摄技巧。

（2）全景合成软件 PTGui 的使用。

（3）全景容器。

★开发步骤：

如果读者有全景相机，可以直接拍摄并导出全景图片，转至下面的步骤（3），在iVX中制作交互场景即可。如果没有全景相机，就需要先使用普通相机或手机拍摄原始素材图片，再通过全景图像拼合软件生成全景图片，然后进入iVX制作交互场景。本案例演示在没有全景硬件设备的情况下，使用PTGui软件生成全景图片，然后在iVX中制作全景交互应用的完整步骤。

（1）拍摄原始素材照片。

为保证后期图片拼合的效果，前期拍摄需要注意以下几点。

① 尽量使用三脚架，并调整手机或相机的固定位置，使得拍摄设备的旋转轴心与三脚架轴心重合。特别是单反相机，如果使用较长的镜头，应以相机机身的感光原件 CMOS 为旋转轴心，而不是镜头的前端（见图 4-5）。

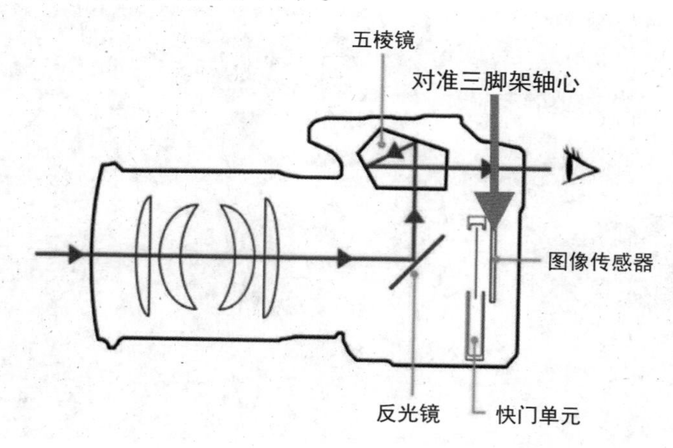

图 4-5　对齐三脚架轴心与相机的旋转轴心

② 使用相机的手动模式，保证每张相片的曝光、焦距、白平衡等参数完全一致。应避免使用大光圈造成的背景虚化，保证镜头内所有景物清晰可见。

③ 拍摄的总张数与镜头的参数有关，越广的镜头由于每张可以拍摄更多的内容，需要的总张数就越少，但广角镜头也会造成较大的畸变，影响合成效果，读者需要根据自己的需求取舍。拍摄时可以采取先向左或向右旋转 360°，再向上和向下分别拍摄天和地的办法。

拍摄的总体原则是要保证每张照片至少有 30% 的内容与上一张照片重合，软件正是通过这些重合的内容来进行拼贴的。

（2）用 PTGui 生成全景素材。

PTGui 是一款功能强大的全景图片拼接软件，使用 PTGui 可以快捷方便地制作出 360° ×180° 的“完整球形全景图片”（full spherical panorama）。软件能自动读取底片的镜头参数，识别图片重叠区域的像素特征，然后以“控制点”（control point）的形式进行自动缝合，并进行优化融合。软件的全景图片编辑器拥有更丰富的功能，支持多种视图的映射方式，用户也可以手动添加或删除控制点，从而提高拼接的精度。软件支持多种格式的图像文件输入，输出可以选择高动态范围的图像，拼接后的图像明暗度均匀，基本上没有明显的拼接痕迹。软件提供 Windows 和 Mac 版本，读者可以通过官网 https://ptgui.com/ 下载试用版使用。

PTGui 的工作流程非常简便：首先导入一组原始底片，然后运行自动对齐控制点，最后生成并保存全景图片文件。

笔者使用 iPhone 对室内进行了 720° 全方位拍摄，其中上、中、下方向 360° 各拍摄 12 张，共 36 张，垂直向上和向下方向各拍摄 2 张，共 4 张，所有照片合计 40 张。

下面使用 PTGui 软件对照片进行处理。

① 打开 PTGui 后单击 Load Images 按钮（见图 4-6）导入拍摄好的全部素材照片。

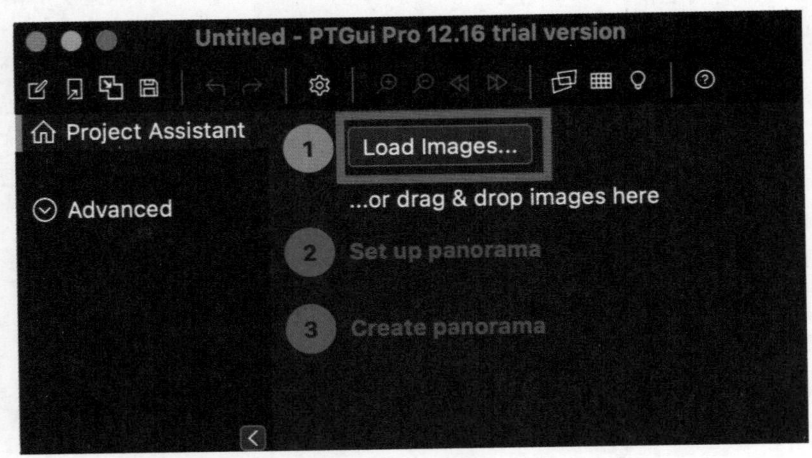

图 4-6　导入图片

② 导入图片后软件会自动识别拍摄参数，用户也可以单击 Set up panorama 下面的 Lens 和 Camera 按钮查看或者修改拍摄参数。大多数情况下，软件内置的数据库都会通过照片中的 EXIF 信息自动匹配拍摄参数，用户并不需要手动调节。例如，笔者使用的 iPhone 12 Pro Max 就被自动识别出来了（见图 4-7）。

③ 确认拍摄参数无误后，单击第二步中的 Align images 按钮（见图 4-8），软件开始对

齐所有图片。对齐就是寻找相邻照片之间的相似点并拼贴的过程，需要花费一些时间。

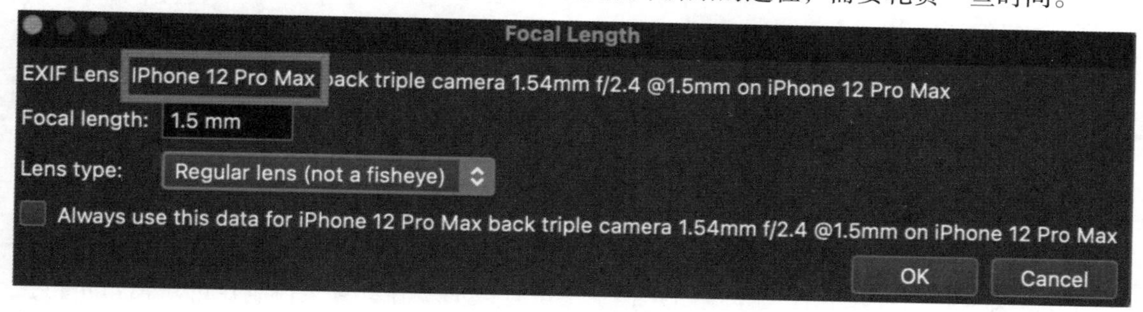

图 4-7　Focal Length 设置

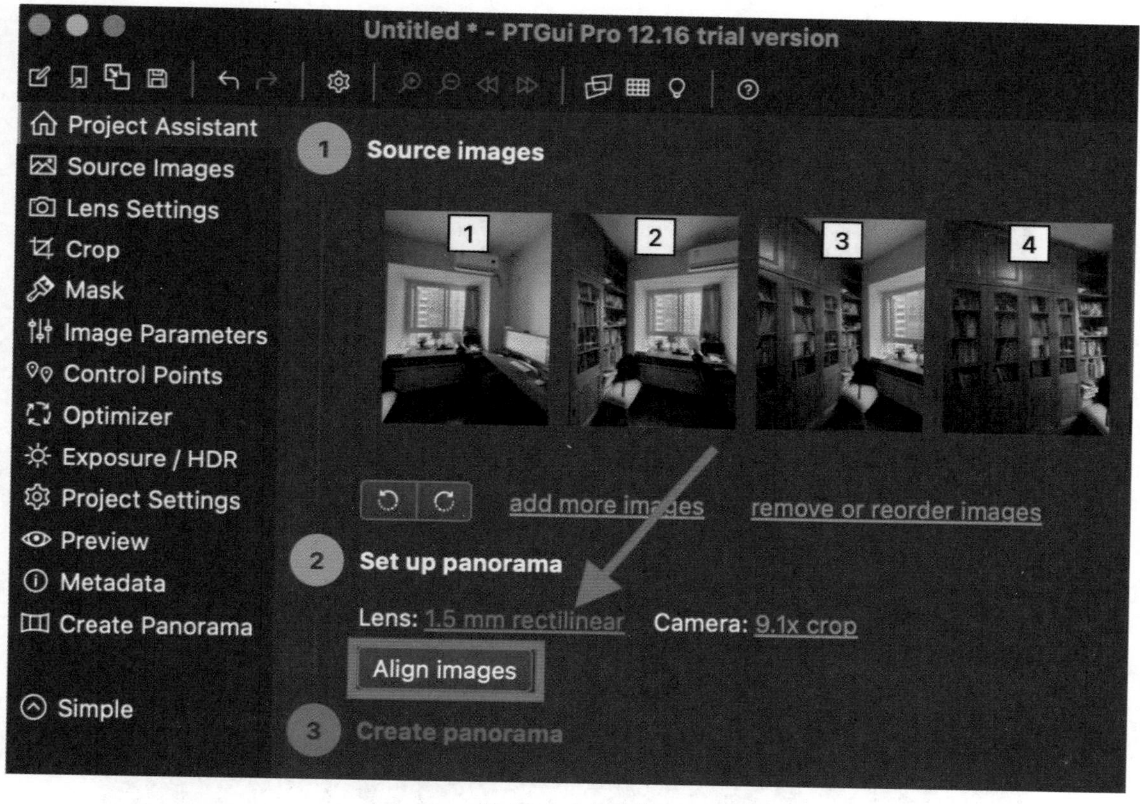

图 4-8　对齐图片

④ 完成对齐后，软件会自动打开 Panorama Editor（全景编辑器，见图 4-9）和 Control Point Assistant（控制点助理，见图 4-10）两个窗口，同时主窗口切换至 Control Point（控制点模式，见图 4-11）。PTGui 通过查找相邻两张照片中的相似点来对齐两张图片，这些相似点被称作控制点。相同的控制点使用相同的序号和颜色标记出来。两张图片的控制点不能少于 4 个，否则软件无法正常拼合这两张图片。查阅控制点助理窗口中的内容，其中“Orphaned images”是指完全没有找到控制点的图片，而“Too few control points”是指少于 4 个控制点

的图片。这时需要在主窗口中找到以上有问题的图片，在左右两个窗口中选择相邻的问题图片，使用手动方式在左右图片中分别找到相同的点并单击，为图片添加至少 4 个控制点，让图片之间建立连接。例如，控制点助理窗口提示图 34 和图 40 均为孤儿图片（见图 4-10），说明软件未能找到任何相似点，需要手动添加。首先拖动主窗口左侧窗口上方的滚动条，找到图 34，然后在右侧窗口找到图 33，发现这两张图角度变换较大，同时白墙占了很大面积，由于白墙没有明显的特征点，因此软件分析失败。分别在左右两侧窗口中的门和墙上单击相同的点，为两张图片建立连接（见图 4-12）。重复以上步骤，直至控制点助理窗口不再提示存在孤儿图片和控制点过少图片。

图 4-9　全景编辑器窗口

Control Point Assistant

Orphaned images
Images 34 and 40 do not have any control points yet.

All images in a PTGui project should be linked by control points, either directly, or indirectly (through control points linking between other images).

Your panorama is not ready to be stitched yet. Go to the Control Points tab and add the necessary control points.

Too few control points
Image 39 has fewer than 4 control points. Make sure that each image is linked to other images by at least 4 control points.

图 4-10　控制点助理窗口

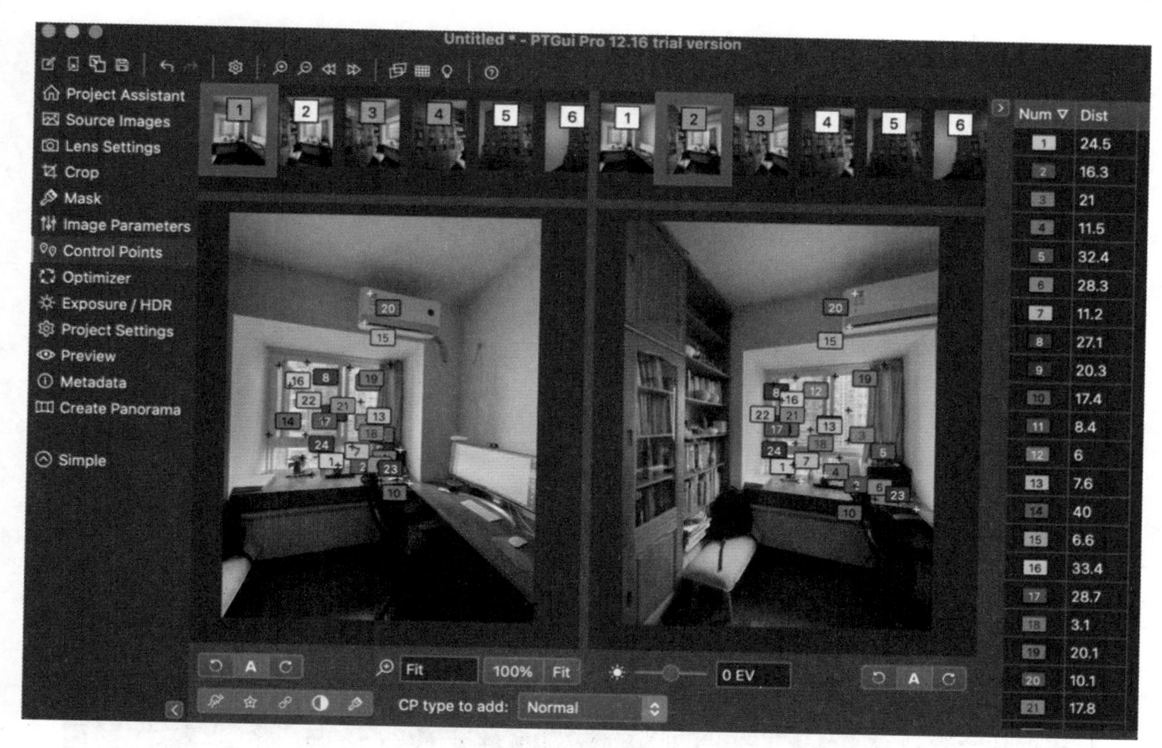

图 4-11　控制点模式

图 4-12　建立连接

⑤ 完成控制点调整后，往往还需要处理拍摄中出现的瑕疵部分，例如，如果拍到了三脚架或者拍摄者的身体，都需要使用 Mask 工具进行涂抹遮挡（见图 4-13）。

图 4-13 使用 Mask 工具涂抹遮挡

⑥ 逐张处理所有图片中的瑕疵部分，完成后切换至 Create Panorama 窗口（见图 4-14）。设置输出图片的分辨率和格式等参数，单击 Output file 后面的 Browse 按钮设置输出的位置，最后单击 Create Panorama 按钮输出合成好的全景图片。

提示

输出时要选择合适的分辨率和图片质量，默认的参数会生成高质量但体积较大的图片，iVX 仅支持单张最大 100MB 的图片，超过 100MB 将无法上传图片。同时，即便是小于 100MB 的图片，也应在保证清晰度的前提下尽量控制图片大小，过大的图片会消耗用户过多流量，也会产生卡顿，从而影响用户的使用体验。调整输出分辨率时还要注意始终保持照片的宽高比为 2 ∶ 1。

⑦ 完成输出后就会得到一张 720° 全景照片。

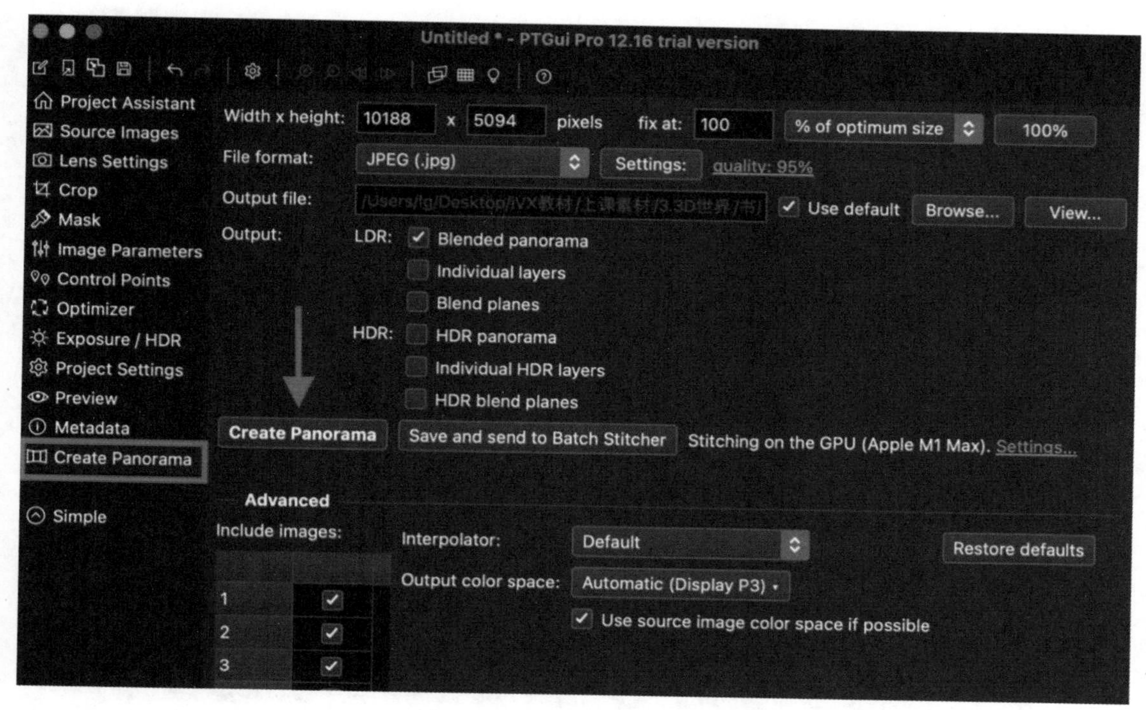

图 4-14　Create Panorama 窗口

（3）在 iVX 中制作全景交互应用。

① 新建 WebApp 应用，使用相对定位环境。

② 在前台中添加“全景容器”组件（见图 4-15）。

③ 在全景容器中新建全景场景（见图 4-16）。根据需求可以在一个全景容器中添加多个全景场景。

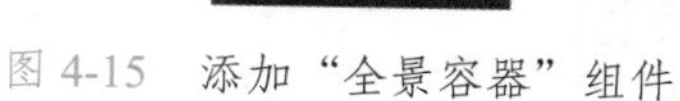
图 4-15　添加“全景容器”组件

图 4-16　新建全景场景

④ 选择全景场景，在素材资源中上传符合要求的全景图片（见图 4-17）。

⑤ 打开全景容器的“小行星开场”和“显示导航栏”开关（见图 4-18）。打开全景容器的“显示导航栏”开关后，可以看到导航栏（见图 4-19）。通过导航栏可以切换、旋转或缩放全景场景。

（4）预览，完成。

图 4-17 上传素材资源

图 4-18 全景容器属性调整

图 4-19 全景场景导航栏

4.1.3 全景视频

除了全景图片，iVX 也支持全景视频（见图 4-20）的交互。全景视频需要使用特殊的全景摄像机拍摄。与全景图片类似，只需要在全景容器中添加全景视频组件，然后在“视频资源地址”中上传符合要求的全景视频即可。

图 4-20 全景视频[1]

① 访问地址：https://file9e17b2b47d37.v4.h5sys.cn/play/CIDXVOTP?code=071zVAFa1FKjmF0DcDFa1JcirR0zVAFU&state=chm6pfrjq8qupi061te0。

4.2 3D世界

4.2.1 3D世界概述

3D世界是在H5中利用Web图形库（Web graphics library，WebGL）实现真实3D效果的组件，类似于画布，是一个容器。3D世界可以用来展现3D模型、制作3D动画和3D游戏，以及以更流畅的效果实现全景、一镜到底等之前使用全景组件来实现的效果。3D世界作为制作3D效果的容器组件，本身不能单独实现各种效果，需要在其内部添加组件并配合摄像机的视角来完成3D的效果。

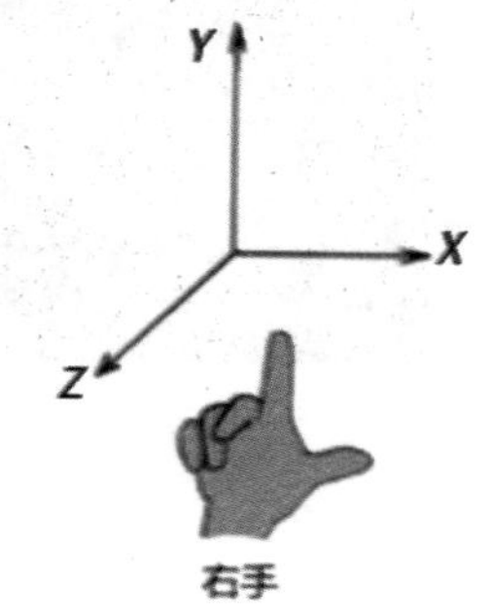

图4-21　右手坐标系

iVX中的3D坐标采用右手坐标系（见图4-21），即将右手手背朝向屏幕，拇指指向右侧，食指向上，中指弯曲指向自己。此时拇指为*X*轴方向，食指为*Y*轴方向，中指为*Z*轴方向。3D世界中的坐标系和2D坐标系有明显的区别（见图4-22）：2D坐标系以左上角为原点（0, 0），正向方向是向右和向下。3D坐标系中多了朝向画面的纵深*Z*轴，原点表示为（0, 0 ,0），其中*X*正向为右，*Y*正向为上，*Z*正向为指向屏幕向外方向，反之均为负值。

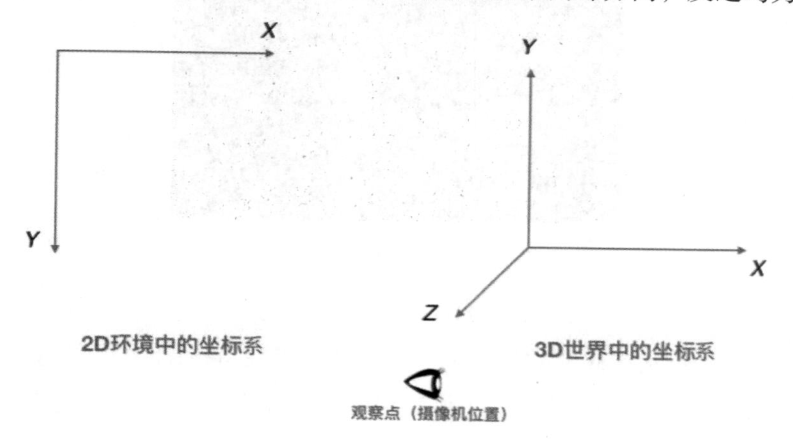

图4-22　2D坐标系与3D坐标系

在3D世界中，除了可以使用*X*、*Y*、*Z*坐标来对物体进行定位，还可以使用中心距离（下文以*r*来代表）进行定位（见图4-23）。所谓中心距离，即物体在当前的*X*、*Y*、*Z*定位的位置上，再偏移一个*r*的距离，而这个偏移的方向由物体本身的*X*、*Y*轴旋转来决定。*r*的作用类似于引入了一个极坐标体系，能够帮助我们在球面坐标上更好地定位物体。例如，一个对象的*X*、*Y*、*Z*坐标分别为100、0、0，在此基础上，我们可以再设一个*r*，并通过物体的*X*、*Y*轴旋转来调整*r*的方向，让物体在以（100, 0, 0）点为球心，*r*为半径的球面上进行定位。当物体的 X、Y 轴旋转都为 0 时，r 的方向和 Z 轴是平行的，如图 4-24 所示。

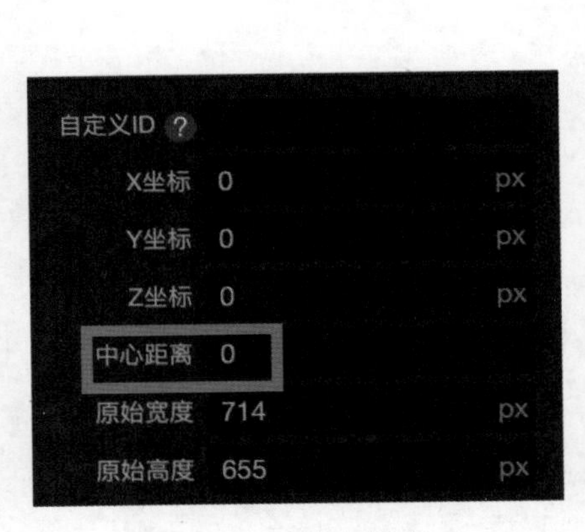

图 4-23 中心距离

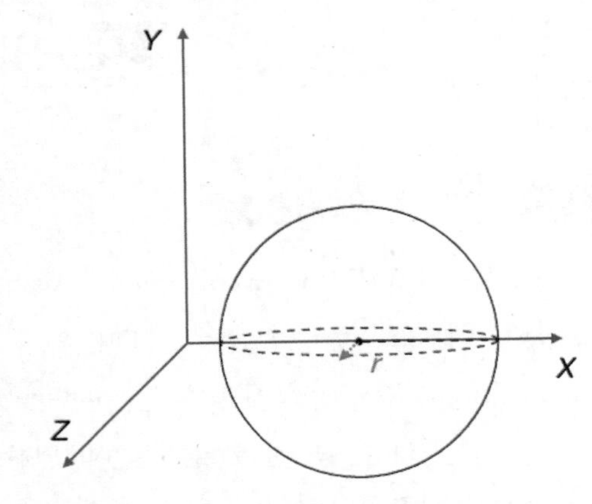

当 X、Y 轴方向旋转都为 0 时，r 的方向和 Z 轴方向平行

图 4-24 中心距离 r

注：图片来自 iVX 官方文档。

3D 世界下的所有组件都可以通过 X、Y、Z 轴旋转 3 个参数来控制本身的旋转角度（见图 4-25），3 个不同的旋转分别依赖于物体的 X、Y、Z 3 个轴方向，其属性值代表当前组件围绕其内部中心点的 3 个轴的正方向逆时针旋转的角度。

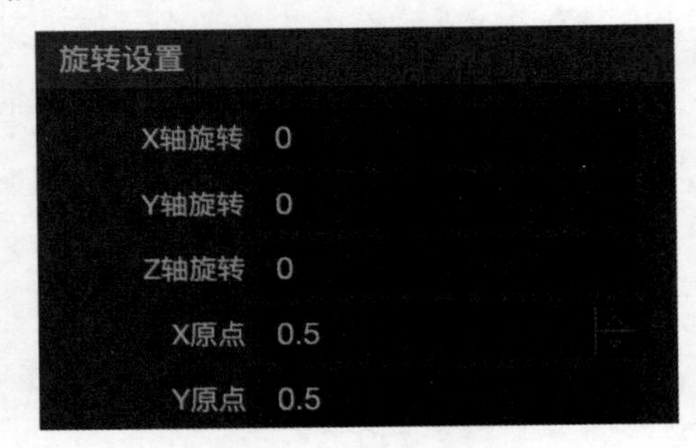

图 4-25 旋转设置

在 3D 世界中，中心距离和轴旋转的使用可以让动画变得更简单，如让一个图片“贴”着一个球面运动。要做到这样的效果，如果只用 X、Y、Z 坐标，也可以达到目的，但需要非常多的关键帧，制作起来非常复杂，而使用中心距离 r 和轴旋转，只需要两个关键帧（起始点的 r 和旋转角度）就可以达到目的。

4.2.2 项目实训：3D 邀请函

本项目实训如图 4-26 所示。

★项目概述：使用 3D 世界制作 3D 邀请函。

★技能要点：

（1）3D 世界的使用。

图 4-26 3D 邀请函[①]

（2）熟悉摄像机的常用参数。

（3）理解 3D 坐标系与中心距离。

★开发步骤：

（1）在 Photoshop 中制作素材。

本案例的邀请函中心为绣球花组合而成的花丛，为了在视觉上产生丰富错落的效果，需要在 Photoshop 中处理素材。

① 下载或绘制基础图形（见图 4-27），将其在 Photoshop 中复制并旋转，处理为中心对称图形（见图 4-28），注意选择合适的分辨率，同时保持背景透明。

图 4-27 基础图形

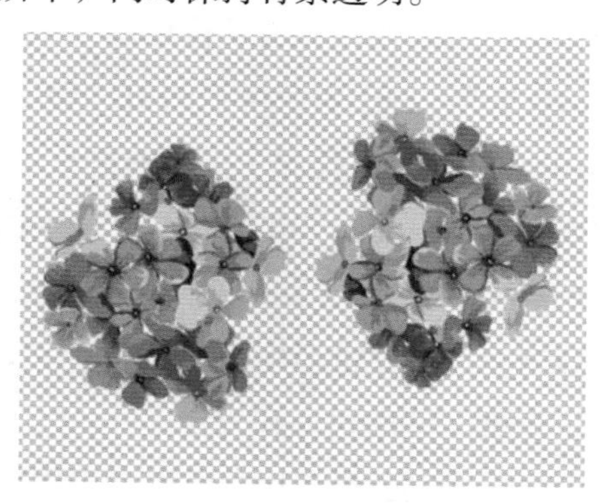

图 4-28 中心对称图形

① 访问地址：https://file9e17b2b47d37.v4.h5sys.cn/play/WMgQMAe0?code=011oI21w3WazF03OS14w369UzF4oI21A&state=chm6pqjjq8qupi061vjg。

② 选择制作好的中心对称图形所在图层，按 Ctrl/Command+T 组合键，激活图层的自由缩放功能，在上方属性栏中设置旋转 12°（见图 4-29），按 Enter 键确定。

图 4-29 旋转 12°

③ 仍然选中旋转后的图层，按住组合键 Shift + Alt/Option + Ctrl/Command 不放，同时按下 T 键，每按一下就以 12° 的角度旋转复制出一个新的图层，连续按 15 次正好图像旋转 360° 围成一个大花朵的形状（见图 4-30）。

④ 在图层窗口选择所有图层，右击选择“快速导出为 PNG”选项（见图 4-31），得到 15 张 PNG 图片，这就是下一步要用到的素材。

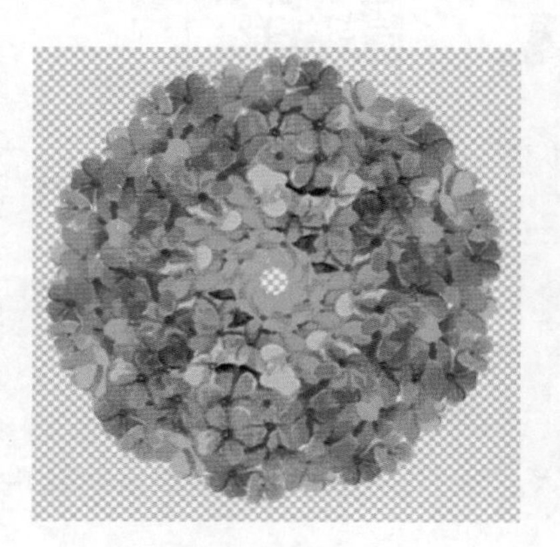

图 4-30 360° 旋转的花朵

图 4-31 导出 PNG

（2）在 iVX 中制作交互应用。

① 新建 WebApp，使用相对定位环境。

② 新建 3D 世界。选中对象树中的 3D 世界，把上一步制作好的 15 张 PNG 图片拖曳进来。

③ 调整中心点。默认情况下，所有图片的 *X*、*Y*、*Z* 及中心距离均为 0。在对象树中从下到上按照 0、−200、−400、−600、−800、−1000、…、−2800 的数值依次调整每个图片的“中心距离”，这样可以使得 15 张图片以间距 200 的距离逐渐远离屏幕（见图 4-32）。

④ 设置文本。在 3D 世界中新建两个“中文字体”，文本内容分别为“邀请函”和“中国　成都”，调整文字的位置和大小。

⑤ 设置边框。在 3D 世界中导入邀请函边框，调整其位置和大小。

⑥ 设置定版海报。导入邀请函海报图片，设置中心距离为 −4000，并调整其大小，放在所有花朵后面。

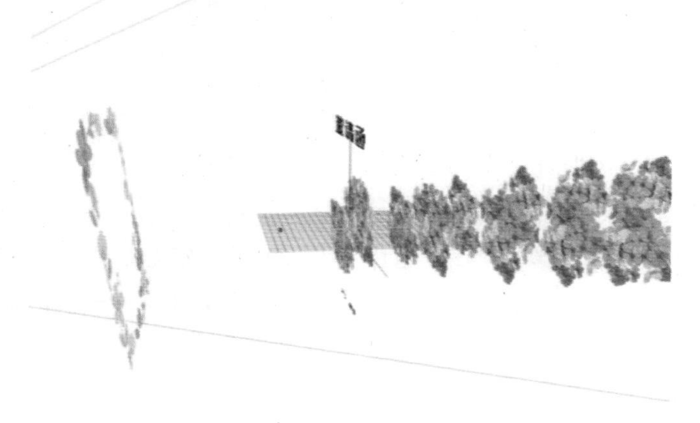

图 4-32　设置中心距离

⑦ 设置摄像机。设置摄像机中心距离为 2000，Z 坐标为 -165px（见图 4-33）。设置摄像机手势控制为“前后平移（正向）”，“最小 Z”为 -5500，“最大 Z”为 0（见图 4-34）。

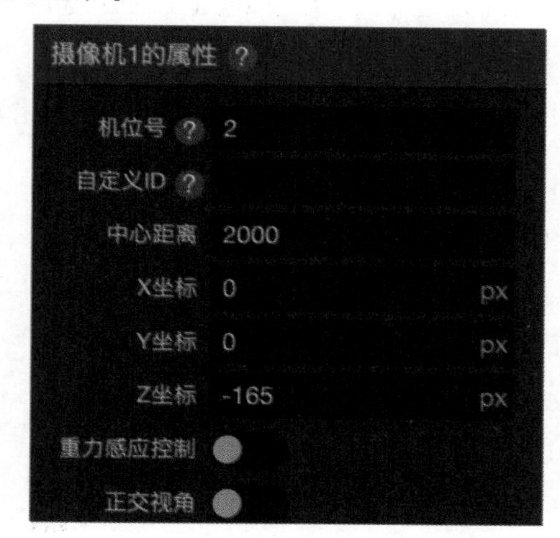

图 4-33　摄像机中心距离

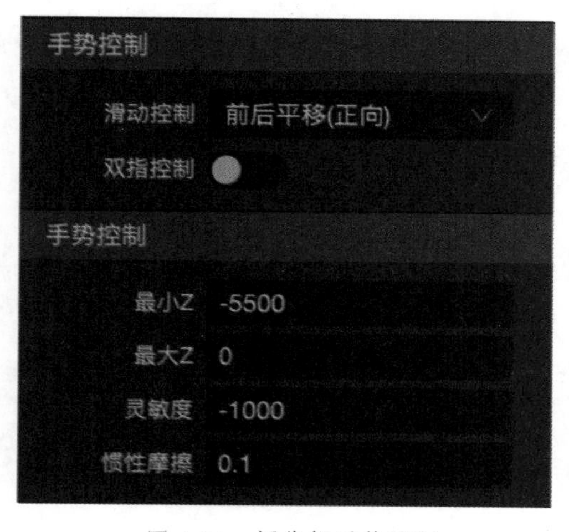

图 4-34　摄像机手势控制

提示

“最小 Z”即摄像机离开屏幕的最远距离，本案例设置为让摄像机停留在距离最后出现的邀请函海报前方适当的位置，数值太小会过远而导致看不清内容，数值太大会过近甚至穿过海报，只能看见背景的空白画面。“最大 Z”即摄像机接近屏幕的最大值，本案例设置为使得整个画面正好填满屏幕的位置。“最小 Z”和“最大 Z”限定了摄像机离开和进入场景的范围，合理设置可以优化用户体验。

（3）预览，完成。

4.3 拓展训练

制作 VR 看房应用，要求如下。

（1）拍摄多个房间的照片，使用 PTGui 合成全景图片。

（2）在全景容器中添加多个房间的场景。

（3）在各个房间场景中添加“全景图片”（如按钮、箭头提示等）或“全景文本”（如“主卧”和“书房”等），在提示图片或文本上添加单击事件，使之可以在不同场景（房间）之间切换。

4.4 本章小结

（1）在 iVX 中可以使用全景容器轻松完成 720° 多场景的全景制作，也可以使用 3D 世界搭建更为灵活的全景交互应用。如果没有全景相机等专用硬件，可以使用普通手机或者相机拍摄多张素材，利用 PTGui 等软件合成鱼眼全景图。

（2）3D 世界组件模拟了真实的 3D 效果，灵活使用摄像机、灯光、各类容器可以搭建真实的交互应用。

第5章 物理世界

5.1 物理世界概述

在动画和游戏制作中，经常需要模拟真实世界中的碰撞、掉落、摩擦、旋转等运动，虽然这些运动也可以使用关键帧动画来实现，但是需要消耗大量精力。同时，这些与力相关的运动往往具有实时性和随机性，无法事先制作对应的动画，传统的关键帧动画已经不能胜任此类场景的制作。针对以上情况，iVX 使用了物理世界来模拟真实世界的力学属性，如碰撞、摩擦、重力等。

物理世界是一个基于画布的虚拟“物理环境”，不具备任何可见实体。物理引擎允许其中的对象通过即时运算的方式，模拟刚性物体或多个物体之间的运动、旋转、摩擦和碰撞等力学动作，为对象引入重力、弹力、摩擦力等力学环境，使得对象不再仅仅按照预设好的运动方式来运动，而是根据外界力学环境进行实时反馈，所以我们并不会在前台中看到任何直观的变化。物理世界为一个调用物理引擎的对象容器，其中可以添加画布所允许调用的所有对象和组件。通过物理世界可以模拟更加逼真的物理运动效果，常用于制作一些 2.5D 小游戏，如弹球、投篮等，或在普通案例中加入有趣的物理世界元素，如金币滚动、爱心掉落等。

物理世界仅适用于画布环境，使用时首先需要创建画布（见图 5-1），选取其作为父对象后再单击“物理世界”按钮（见图 5-2）即可完成添加。一个画布中可以创建多个物理世界。用户可以在物理世界中继续添加“对象组”“缩放容器”“多边形”“矩形”“椭圆”“文本”“图片”“图片序列”等对象，但是添加的对象在默认情况下均为普通对象，并不会受到物理世界中各种力的影响。如果希望创建的对象受到影响，还需要分别为各个对象添加物体（见图 5-3）。创建完成后，物理世界的对象树结构如图 5-4 所示。

图 5-1　创建画布

图 5-2　添加物理世界

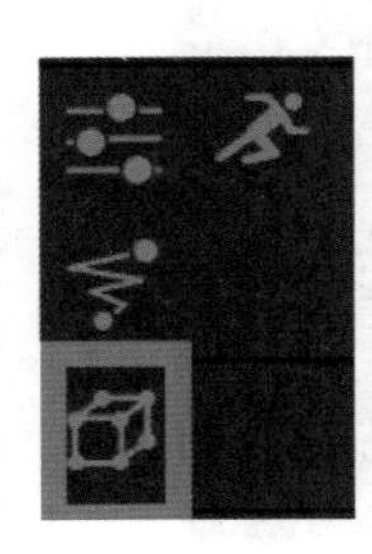
图 5-3　添加物体

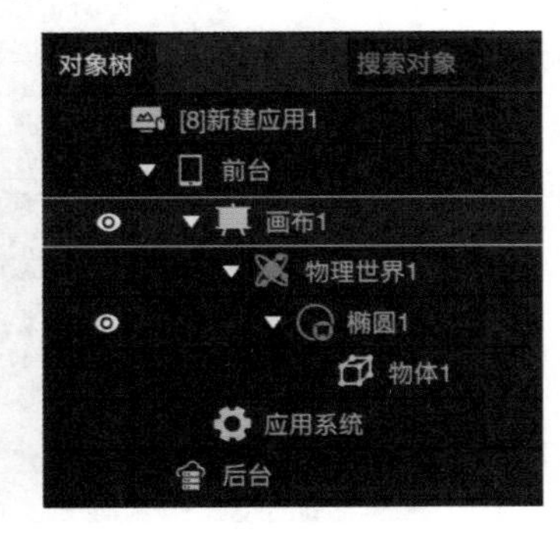

图 5-4　物理世界的对象树结构

物理世界的属性如图 5-5 所示。

(1) 自动播放：打开即启用物理引擎。关闭即不启用物理引擎，需要事件触发启用。默认为打开状态。

(2) 自动计算重力方向：使用手机的陀螺仪判断重力的方向，当手机改变方向时，保证重力始终朝向真实地面方向。关闭则在手机端不能使用重力感应。

(3) 边界宽度：此属性需要配合自动删除与飞出边界事件使用，指的是物体飞出画布多少个像素后会自动删除。当案例中有大量重复和运动的物体时（如本章“飞机大战”案例中的敌机和子弹），如果不删除飞出画面的物体，大量物体的堆积会降低系统运行效率。

(4) 水平重力：虚拟物理世界中可以设置水平方向的重力，方向向右。

(5) 垂直重力：虚拟物理世界中可以设置垂直方向的重力，方向向下。

(6) 北墙、南墙、西墙、东墙：指物体可以与父对象的上、下、左、右边界碰撞，使物体不会飞出边界，默认为打开状态。设置为关闭则物体会飞出边界，例如，本章“飞机大战”案例中将北墙和南墙设为关闭，让未击中的子弹和敌机出画后消失，而不是与上、下边界发生碰撞。

物体的属性如图 5-6 所示。

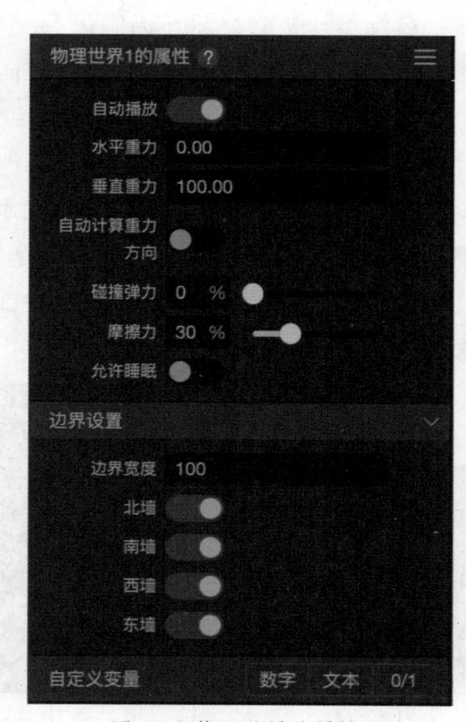

图 5-5 物理世界的属性

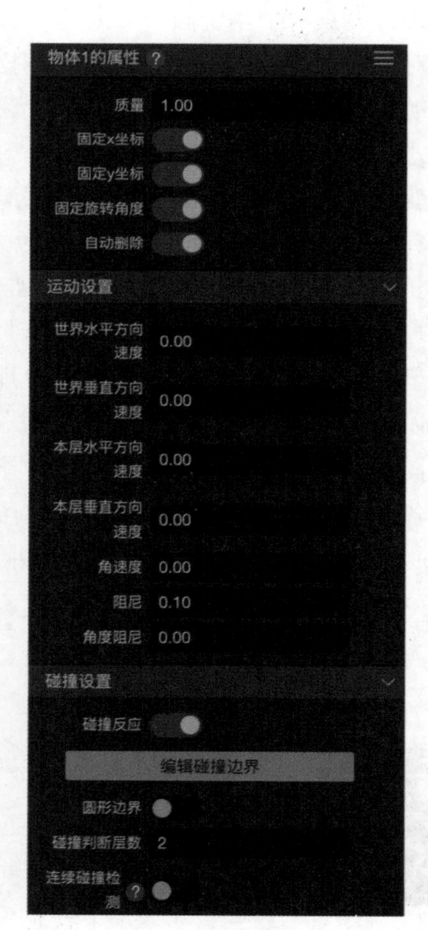

图 5-6 物体的属性

（1）质量：虚拟物体的质量，默认为1。默认情况下，数值越大，下落的速度越快。质量为0时物体静止。

（2）碰撞反应：碰撞反应开启以后，物体正常碰撞；若关闭碰撞反应，则有穿墙的效果。

（3）自动删除：与墙的设置配合使用。例如，本章“飞机大战”案例中关闭了“北墙”和“南墙”开关，当敌机和子弹飞出边界后，就会自动删除，减少计算机的运算量。

5.1.1 项目实训：小熊滑滑梯

本项目实训如图5-7所示。

图5-7 小熊滑滑梯[①]

★项目概述：使用物理世界制作小熊自由下落并与滑梯碰撞的效果。

★技能要点：物理世界的基本用法。

★开发步骤：

（1）创建物理世界。在前台中添加一个画布和一个物理世界。

（2）添加素材和物体。在物理世界中放入小熊图片，可以使用左侧工具栏中的“图片”按钮，也可以先选中物理世界，然后直接拖动小熊图片到前台中央。添加小熊图片后，再使用左侧的“矩形”按钮（见图5-8）在物理世界中创建两个矩形，并调整位置和大小，搭建成滑梯（见图5-9）。素材准备完成后，分别给小熊和两个矩形添加物体（见图5-10）。

（3）编辑小熊的碰撞边界。一般的图片素材，不论图片内容是什么，边界都是矩形。这样的素材在发生碰撞时就会以矩形的边缘为碰撞边界产生碰撞效果。但这往往不符合真实

① 访问地址：https://file9e17b2b47d37.v4.h5sys.cn/play/LTrYJ3MA?code=001fqNHa1qy7kF0fBSGa1x1Bp42fqNHj&state=chm6q9bjq8qupi0624k0。

情况，用户需要根据图片内容重新定义碰撞边界，才能更好地模拟真实的碰撞效果。选中小熊图片，单击左侧工具栏中的“编辑碰撞边界”按钮，进入碰撞边界编辑窗口（见图 5-11）。使用鼠标围绕小熊的轮廓绘制边界。这里需要注意两点：一是边界不用过于精确，否则会加大系统负荷，重点绘制发生碰撞的边界，其他部分粗略处理即可；二是碰撞边界一定要闭合，即初始点和结束点要重合。闭合后的边界显示为黑色，未闭合的显示为白色。绘制完成后单击“确定”按钮回到编辑器窗口。

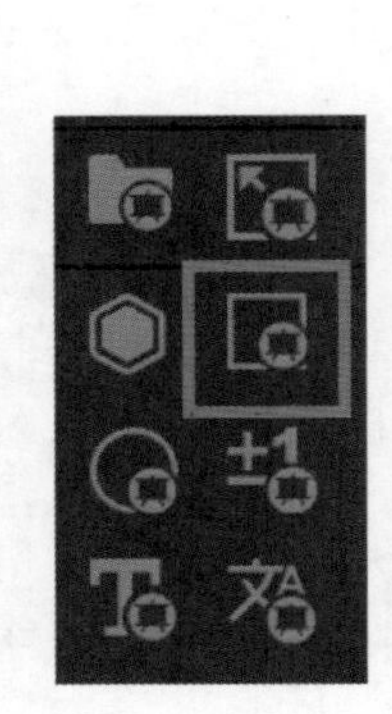

图 5-8　创建矩形

图 5-9　搭建滑梯

图 5-10　添加物体

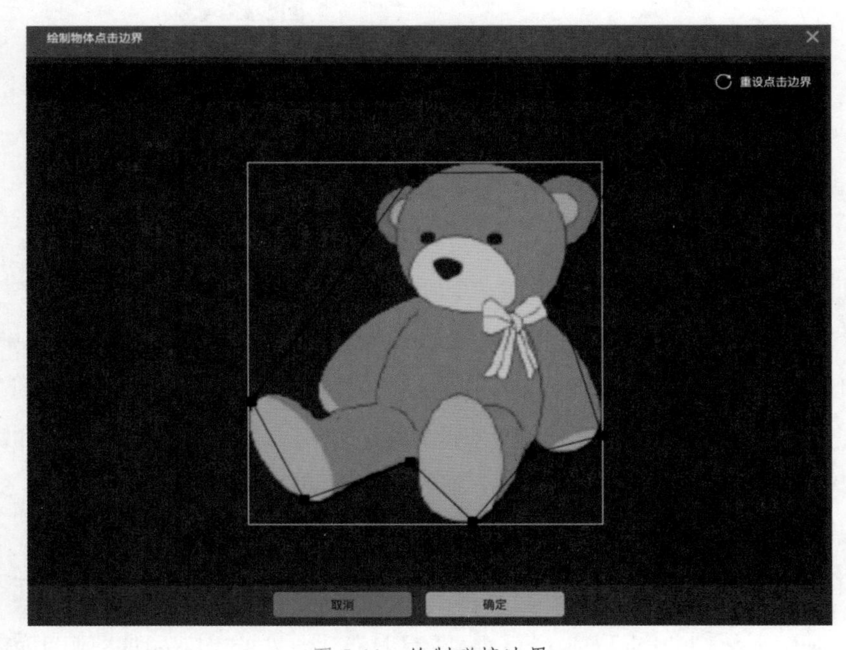

图 5-11　绘制碰撞边界

（4）固定滑梯坐标。经过前三步，物理世界已经基本搭建完成。通过预览可以看到，整个场景中的小熊和滑梯已经受到重力的作用开始下落。但是，此时滑梯也同时下落，为了避免这种情况，还需要固定滑梯的两个矩形。分别选择滑梯的物体，打开“固定 x 坐标”“固定 y 坐标”“固定旋转角度”3 个开关（见图 5-12）。用户还可以调节物理世界和物体的重力、弹力、摩擦力等参数，观察碰撞效果的变化。另外，物理世界默认打开了四面的墙，小熊滑落后会被左边的“西墙”挡住，如果想实现小熊直接滑出画面的效果，可以关闭“西墙”的开关（见图 5-13）。

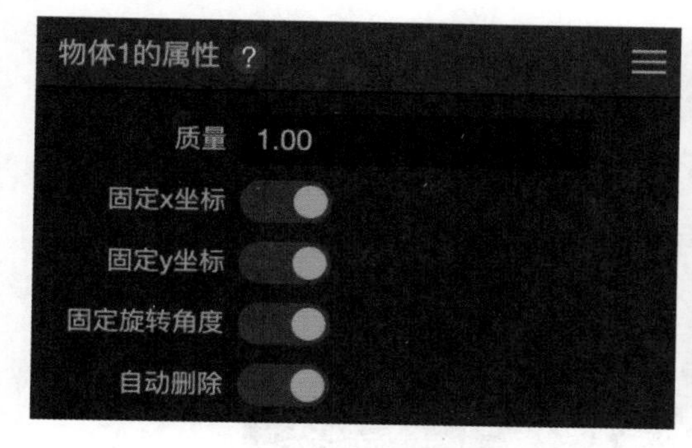

图 5-12　固定坐标

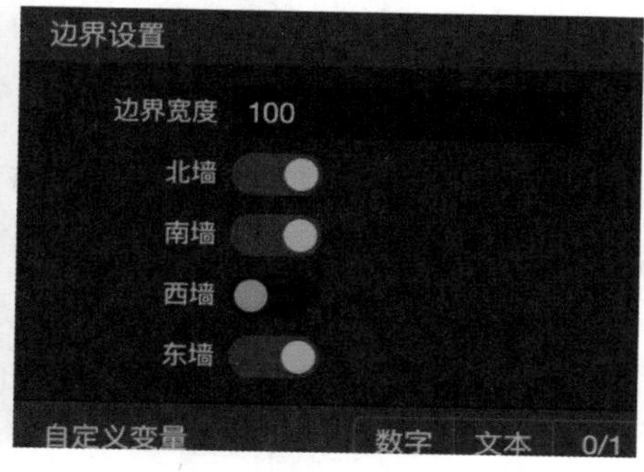

图 5-13　关闭“西墙”的开关

（5）预览，完成。

5.1.2 项目实训：飞机大战（见图 5-14）

本项目实训如图 5-14 所示。

图 5-14　飞机大战①

① 访问地址：https://file9e17b2b47d37.v4.h5sys.cn/play/8bhjFKEd?code=041eLh000zhD1Q17Nb300qVul20eLh0g&state=chm6qgbjq8qupi0625i0。

★项目概述：使用物理世界实现飞机大战小游戏设计。战机可以随意拖动，子弹跟随战机位置自动发射。敌机在画面上方随机位置生成并飞入画面。子弹击中敌机则两者同时消失，计数器记 1 分。战机与敌机碰撞则同时消失并显示爆炸画面，游戏停止，出现“再来一次”按钮，单击后重新加载前台，游戏重新开始。

★技能要点：

（1）物理世界的属性。

（2）设置碰撞事件。

（3）触发器的使用。

★开发步骤：

（1）搭建场景。

① 新建 WebApp 应用，使用绝对定位环境。新建页面和画布，在页面中添加背景图片，在画布中添加爆炸素材，再在画布下添加物理世界（见图 5-15）。

② 在物理世界下添加战机、敌机 1 及子弹素材。

③ 分别选择战机、敌机 1 及子弹，给它们添加物体（见图 5-16）。

图 5-15　添加物理世界

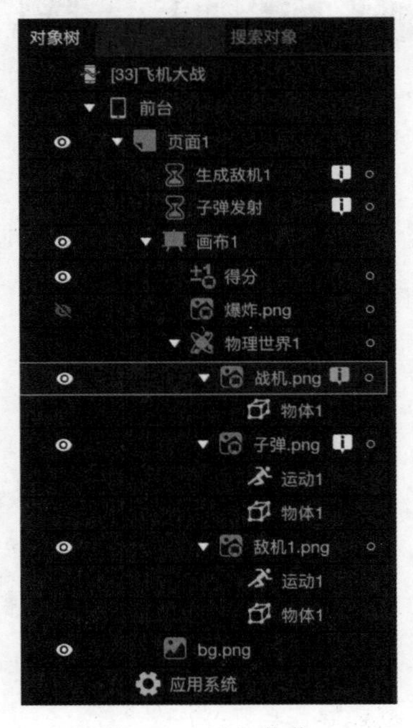

图 5-16　添加物体

> **提示**
>
> 由于爆炸和背景素材不需要物理效果，因此可以放在物理世界外面的页面或画布中，注意各类素材的上下遮挡关系。

（2）设置战机和子弹。

① 选择战机，设置“允许拖动”为“任意方向”（见图 5-17）。

② 选择战机的物体，打开“固定x坐标”“固定y坐标”“固定旋转角度”开关(见图5-18)。

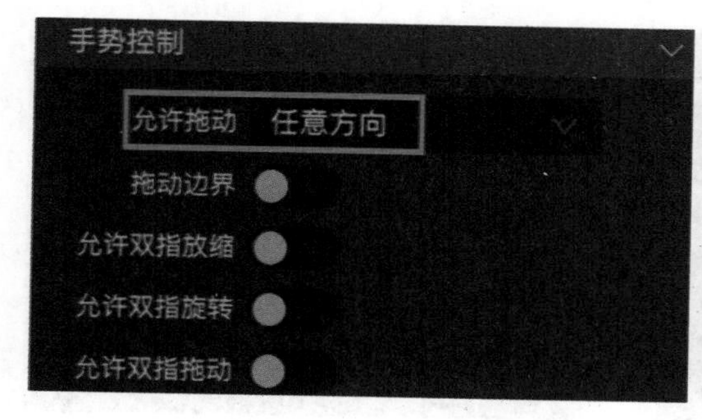

图 5-17 允许拖动

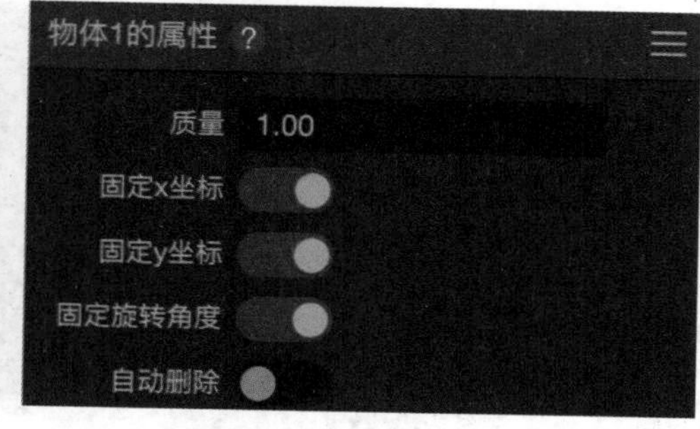

图 5-18 固定坐标和旋转

③ 编辑战机的碰撞边界（见图5-19）。使用相同的方法编辑敌机和子弹的碰撞边界（见图5-20）。

图 5-19 编辑碰撞边界

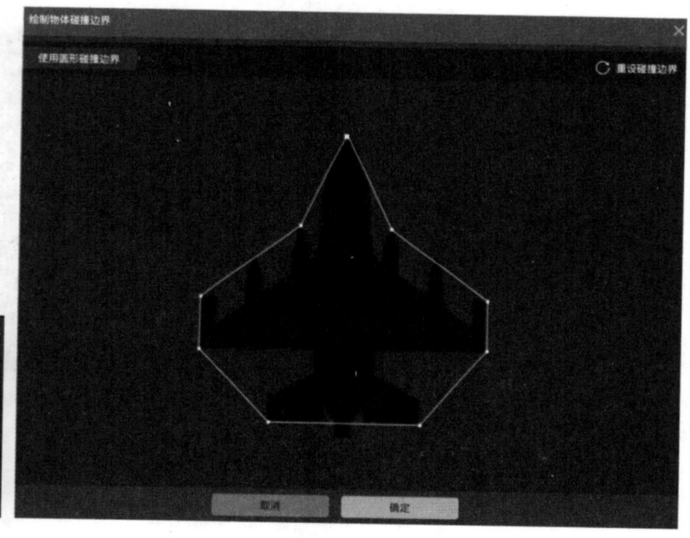

图 5-20 绘制碰撞边界

提示

在物理世界中，当两个物体靠近时，系统会根据各自的碰撞边界来确定碰撞是否发生，如果希望碰撞的发生更为精确，需要手动编辑两个物体的碰撞边界。在对象树中选中对象的物体，单击左侧属性面板中的“编辑碰撞边界”按钮出现编辑窗口，可以使用圆形和多边形两种方式绘制。圆形边界由系统自动生成包围碰撞对象的圆形得到，用户无法调节。多边形边界由用户使用鼠标自行绘制闭合的多边形得到。注意过多的节点会消耗系统资源，降低案例运行速度，当绘制的节点超过20个时，系统会提示用户减少节点，重新绘制。

④ 在页面中添加触发器，命名为“子弹发射”。打开触发器的“自动播放”和“动画优化”开关，时间间隔为0.5s，表示子弹每隔0.5s发射一颗（见图5-21）。

⑤ 选择子弹的物体，打开“固定旋转角度”和“自动删除”开关（见图 5-22）。

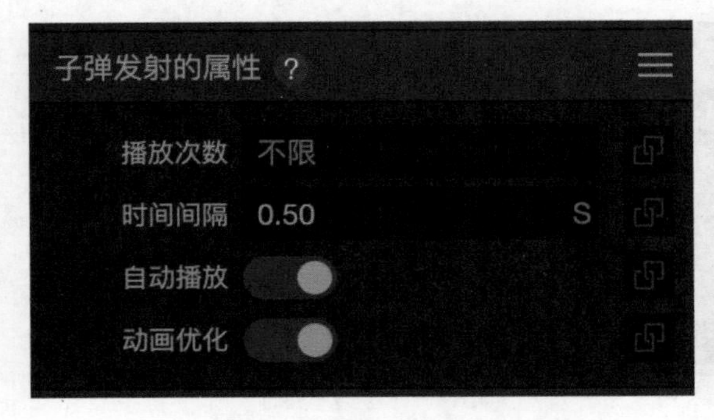

图 5-21 设置子弹的触发器

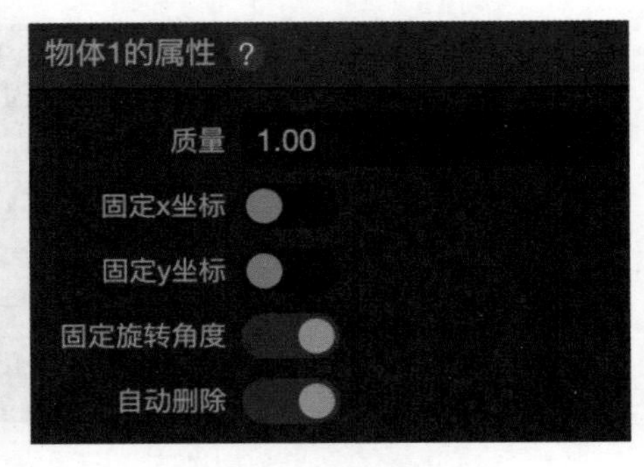

图 5-22 设置子弹的物体

⑥ 选择子弹，添加运动（见图 5-23）。选择子弹的运动，设置移动速度为 1000px/s，运动方向为 270°，打开“自动播放”和“自动删除”开关(见图 5-24)。

图 5-23 给子弹添加运动

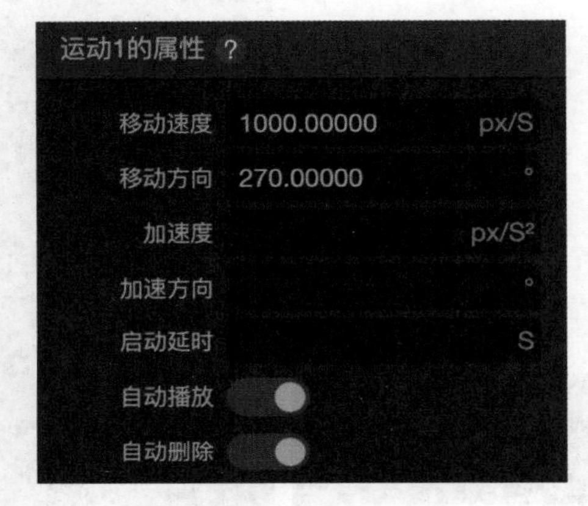

图 5-24 设置子弹的运动

提示

在 iVX 中，运动和缓动都有移动速度和移动方向两个重要参数。移动速度的单位是像素每秒（px/s），移动方向的单位是度（°），按照 0° 为正右方顺时针旋转角度确定移动方向。“自动播放”是指场景加载后运动自动开始，不需要额外事件启动。“自动删除”是指运动物体超出画布边框时自动删除物体，以节省系统资源。本案例中的子弹和敌机均会不断复制生成，因此务必打开“自动删除”开关，以免资源耗尽引起程序卡顿或崩溃。

⑦ 给“子弹发射”触发器添加事件，触发条件为“触发”，目标对象为“物理世界 1”，目标动作为“创建对象”，模板对象为“子弹”。分别单击“创建对象”下的“X”和“Y”右边的箭头并在对象树中选择“战机”对象（见图 5-25），再在属性中分别选择“X”和“Y”选项（见图 5-26），使得子弹的 X 与 Y 坐标始终与战机一致。反复调整 Y，使得子弹的位置正好出现在战机顶部，本案例中子弹的 Y 为战机的 Y 减去 50。

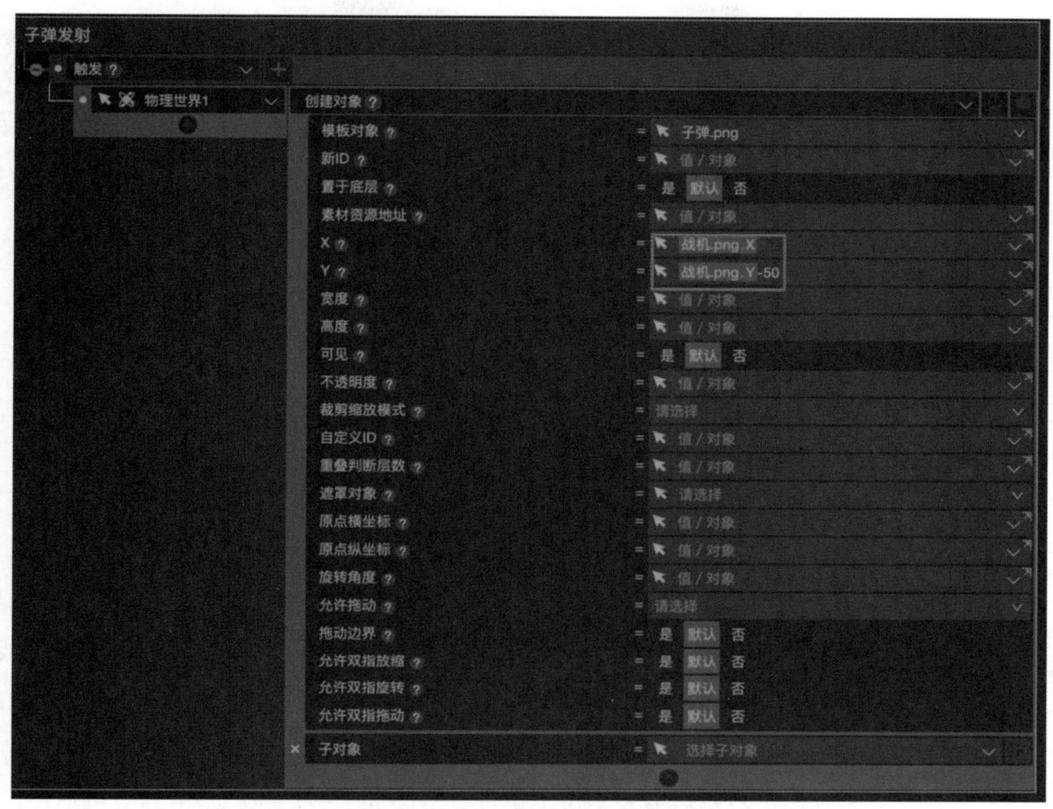

图 5-25 设置子弹发射触发器事件

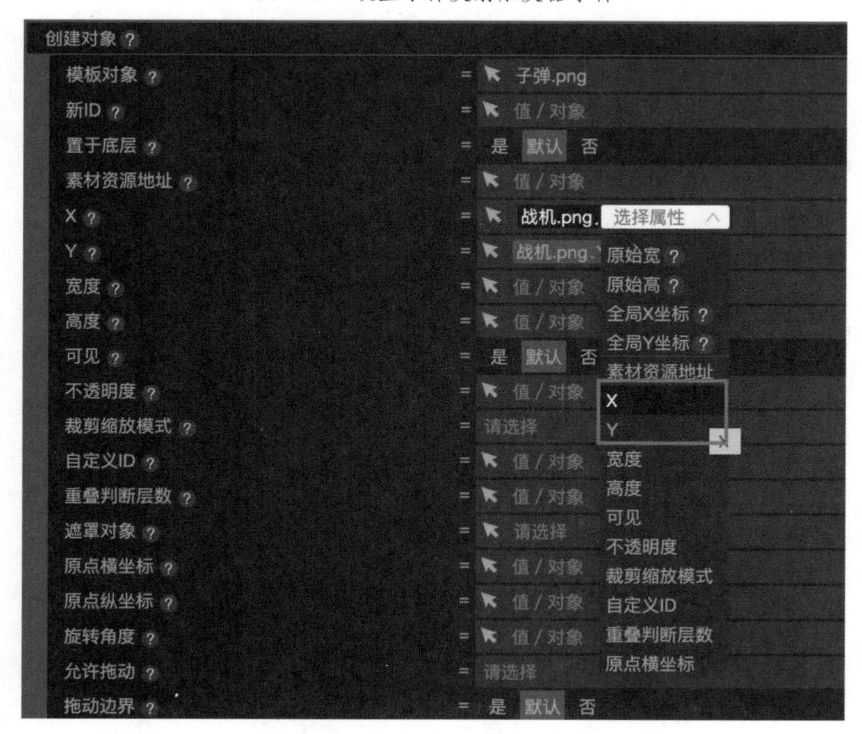

图 5-26 设置子弹创建的位置

提示

为了方便战机、敌机和子弹对位，可以提前设置素材的“原点横坐标”和“原点纵坐标”均为50%（见图5-27）。这两个值在默认情况下为0，表示素材的默认坐标原点在左上角。触发器1自动播放，每隔0.5s复制一颗子弹。复制子弹时，“创建对象”应选择被复制对象的父对象（此处为物理世界1），而不是直接选择目标对象（子弹）本身，这一点要特别注意。选好后目标动作为“创建对象”，然后在下面的“模板对象”中选择“子弹”对象即可。“Y”属性设定为战机的Y后手动输入“-50”完成公式编辑。

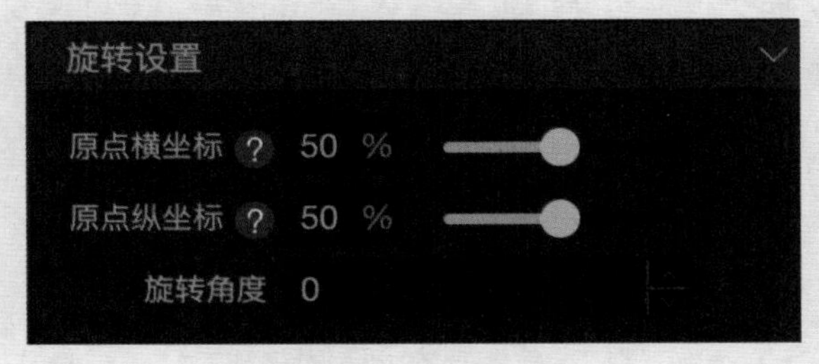

图5-27 设置素材的原点坐标

⑧ 此时预览，发现战机可以自由拖动，并且子弹不断跟随战机发射。但是，子弹击中敌机后没有反应。子弹击中敌机后应发生以下事件：击中的子弹消失，击中的敌机消失，计分增加1分。

⑨ 在画布中添加计数器。

⑩ 选择子弹添加事件，触发条件为“开始碰撞”，碰撞目标为“敌机1”。事件下面分别添加3个动作，其中两个目标对象分别为“当前对象”和“碰撞对象”，目标动作均为“移除当前对象”。最后设置计数器“加1”（见图5-28）。

图5-28 设置子弹击中敌机事件

提示

由于系统会随机生成很多子弹和敌机，无法确定碰撞时到底删除哪一个，所以目标对象不能选择对象树中原始的“子弹”和“敌机”，而应该选择“当前对象”和“碰撞对象”。

（3）随机生成敌机。

① 选择敌机1添加运动，设置移动速度为200px/s，移动方向为90°，打开“自动播放”和“自动删除”开关（见图5-29）。

② 选择敌机的物体，固定敌机物体的旋转，防止敌机下落时旋转。打开“自动删除”开关（见图5-30）。

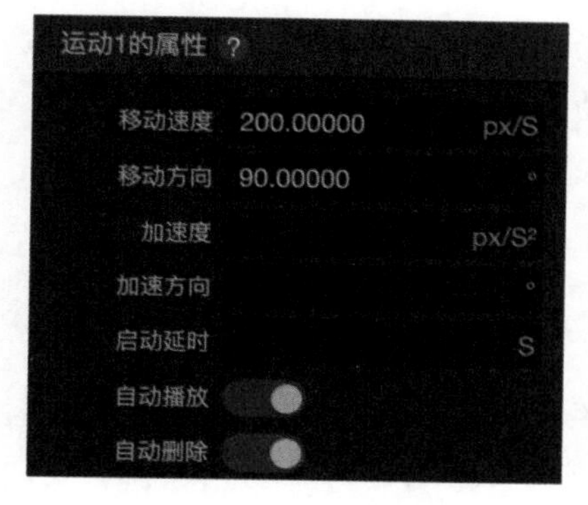

图5-29　设置敌机1运动

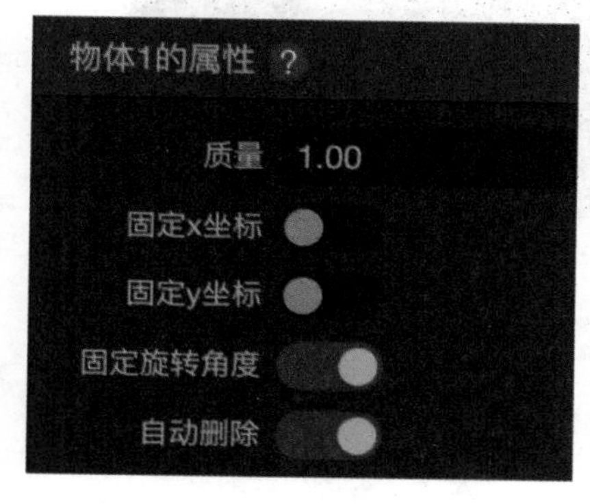

图5-30　固定敌机物体的旋转

③ 在前台中添加触发器并命名为“生成敌机1”，打开“自动播放”开关，将时间间隔设为0.5s，即每隔0.5s创建一架新的敌机。

④ 给“生成敌机1”触发器添加事件，触发条件为“触发”，目标对象为“物理世界1”，目标动作为“创建对象”，模板对象为“敌机1”，“X”属性设为random()*375，让复制的敌机X坐标随机出现在0～375，“Y”属性设为-50，让敌机从前台上方-50处落下（见图5-31）。

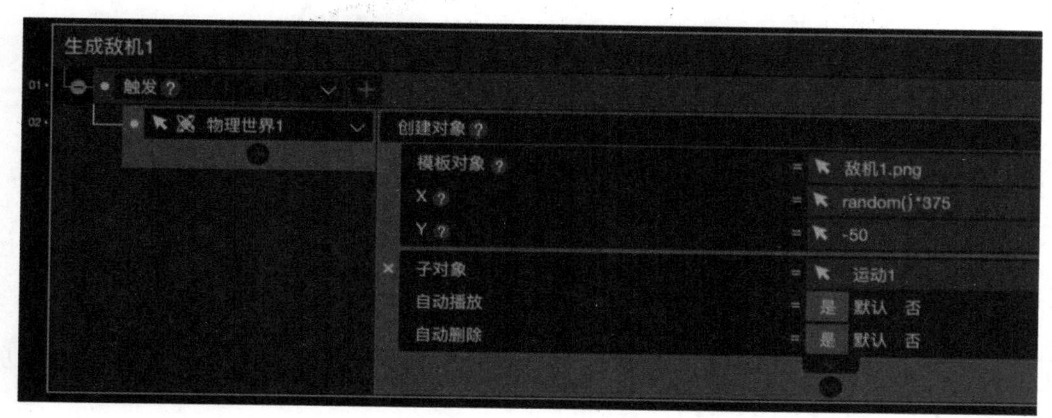

图5-31　随机生成敌机1

提示

函数 random() 可以随机生成一个 0 ～ 1 的小数，random()*375 表示在宽 375px 范围内随机生成一个 *X* 坐标，*Y* 坐标为负数表示敌机初始位置在上边框外。

⑤ 关闭物理世界的北、南、西、东墙（见图 5-32），防止敌机与墙碰撞，没有被击中的敌机将飞出底部边界。

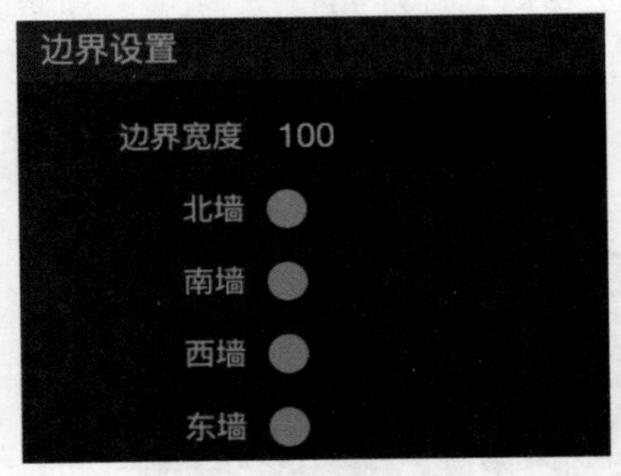

图 5-32 关闭墙

提示

墙是物理世界的边界，遵循上北、下南、左西、右东的方向，默认情况下均为打开状态，如不希望物体与边界碰撞，则应该关闭墙。

（4）设置爆炸和过关。

至此，游戏的主体已经完成，但还需完善交互事件，作品才能有完整的体验。虽然子弹击中敌机，敌机会消失并且产生积分，但还应添加战机与敌机碰撞后的爆炸场景，此时游戏结束。此外，还可设置计数器满 10 分后，游戏暂停，显示“恭喜过关”提示。

① 在页面中新建“再来一次”按钮和“恭喜过关”文字，单击对象树上的眼睛图标，暂时隐藏这两个组件。

② 给战机添加碰撞事件。当战机与敌机碰撞时，让除爆炸以外的其他元素都隐藏，可以使用“显示并隐藏同层控件”。爆炸出现的位置应该与撞击发生的位置相同，因此使用“设置属性”并将它的 *X*、*Y* 坐标设置为与战机相同。同时，爆炸初始状态下是隐藏的，设置其“可见”为“是”（见图 5-33）。

③ 爆炸正确显示后，还需要暂停敌机和子弹的生成，同时显示“再来一次”按钮。

提示

“显示并隐藏同层控件”可以在显示自身的同时隐藏同一图层中其他所有可见组件，可用来简化显示和隐藏设置。本案例中，爆炸发生时隐藏了画布中的所有其他元素，但背景图层在页面中，所以不受影响。

④ 给“再来一次”按钮添加“点击”事件，“点击”时让前台“重新加载”，这样就可以重新开始游戏了（见图 5-34）。

图 5-33　设置战机的碰撞事件

⑤ 给计数器添加“数值改变”事件，单击条件后的“+”按钮添加复合条件（见图 5-35），选择对象树中的计数器“得分”的“值”，当值大于或等于 10 时，让“恭喜过关”文字和“再来一次”按钮都显示（见图 5-36）。

图 5-34　重新加载前台

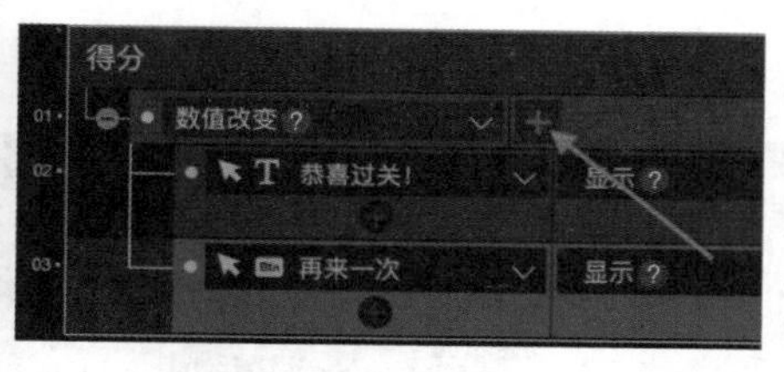

图 5-35　添加复合条件

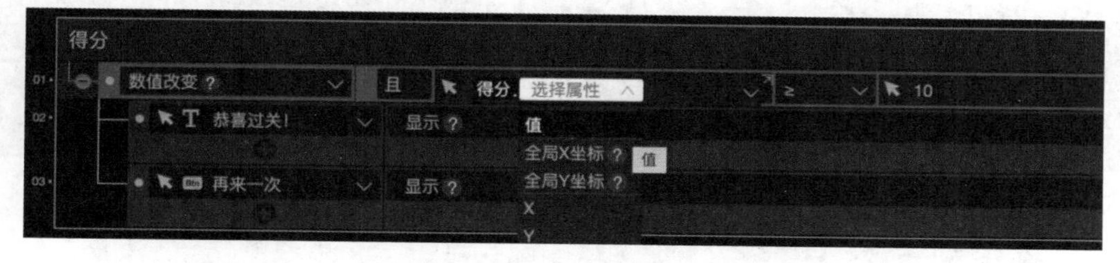

图 5-36　设置计数器的事件

（5）预览，完成。

5.2 拓展训练

（1）在 5.1.2 节的“飞机大战”游戏中加入“敌机 2”，击中 3 次才会消失，同时得 3 分。

★步骤提示：

① 仿照敌机 1 的步骤，为敌机 2 添加运动和物体，移动速度为 100px/s，方向为

90°。固定物体旋转角度并编辑碰撞边界。

② 新建触发器并命名为“生成敌机 2”，设置时间间隔为 2s，打开“自动播放”和“自动删除”开关。

③ 为敌机 2 添加数字型自定义变量，变量名为“life”，初始值为 3（见图 5-37）。

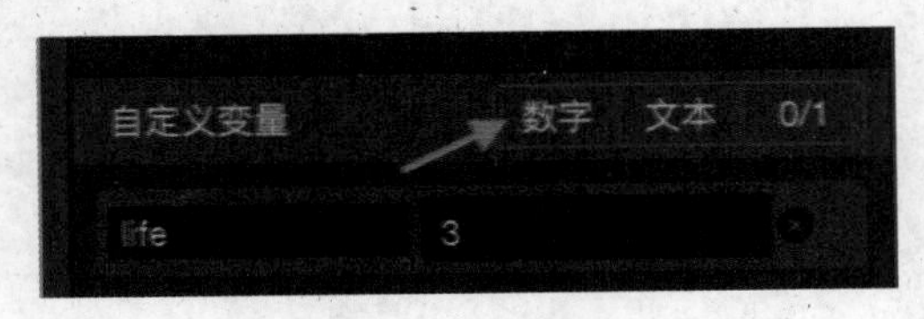

图 5-37 添加自定义变量

提示

iVX 中的多数组件都可以添加数字、文本、逻辑 3 类自定义变量，变量名称和值都可以自定义。这些变量可以用来在交互过程中作为中介或某类特殊标识调用。例如，本案例中添加了数值型的自定义变量“life”，当子弹与敌机 2 碰撞时可以给 life 值“减 1”，当这个值小于或等于 0 时就可以触发删除和加分动作。

④ 打开子弹事件窗口，单击右上方的添加事件按钮继续添加与敌机 2 的碰撞事件（见图 5-38）。当碰撞发生时，移除当前对象（子弹），设置碰撞对象（敌机 2）的属性，在 life 的下拉菜单中选择“当前值”，然后手动输入“-1”（见图 5-39）。

图 5-38 添加“开始碰撞”敌机 2 的事件

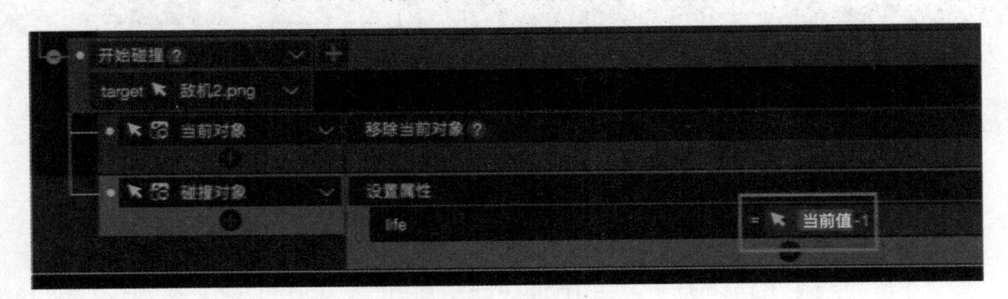

图 5-39 设置自定义变量

⑤ 继续选择敌机 2 的“开始碰撞”条件，单击事件窗口右上方的“条件”按钮添加复

合条件（见图 5-40），设置敌机 2 的 life 值小于或等于 0 时，移除碰撞对象，同时给计数器加“3”（见图 5-41）。

图 5-40　添加复合条件

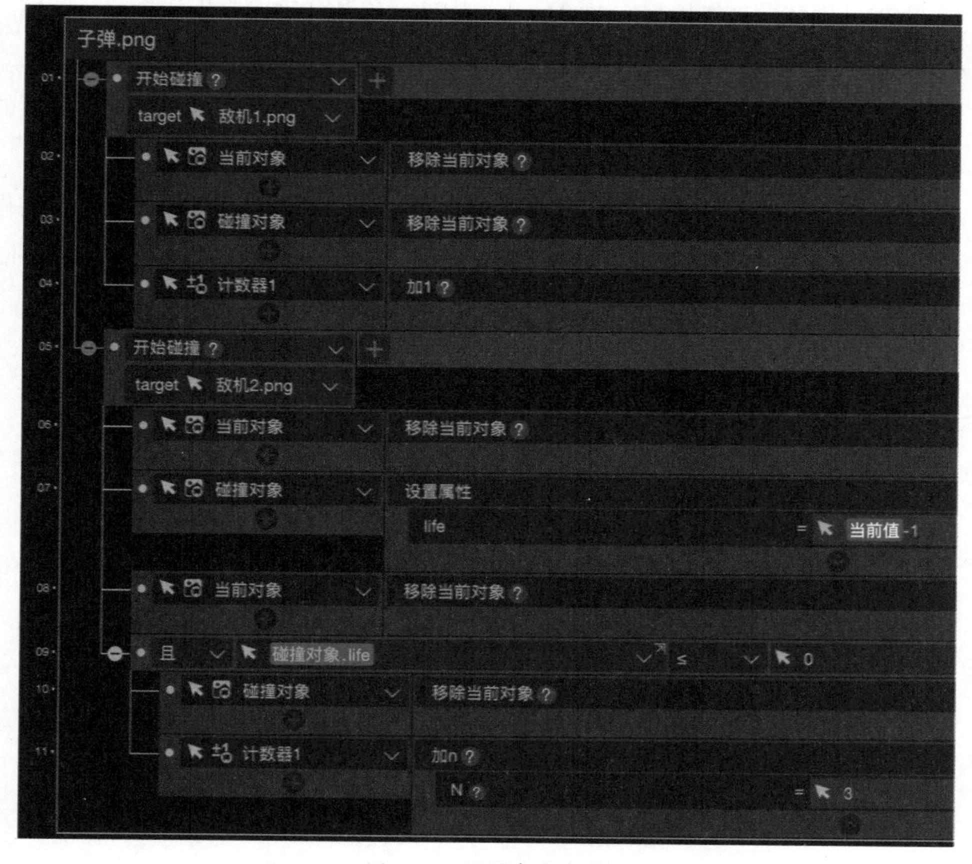

图 5-41　设置复合条件

⑥ 仿照敌机 1 设置敌机 2 的随机生成和碰撞爆炸事件。

⑦ 预览，完成。

（2）为“飞机大战”游戏设计以下功能。

① 每关倒计时 30s，规定时间内未满 10 分的直接失败。

② 过关后显示“下一关”按钮，单击后进入下一关。可以更换背景和战机样式，加快敌机生成速度，提高积分要求等。

★要点提示：

① 倒计时：新建触发器和计数器，打开触发器自动播放，时间间隔设为 1s。计数器数值设为 30，最小值为 0。设置触发器事件，触发时计数器“减 1”。设置计数器事件，当计数器等于 0 时，倒计时结束，此时触发隐藏和显示相应组件的动作，暂停敌机和子弹的生成。

② 更改敌机触发器的触发频率即可增加敌机数量。

5.3 本章小结

（1）物理世界是用来模拟真实世界的力学属性的组件，可以实现如碰撞、摩擦、重力等效果。

（2）物理世界是一个调用物理引擎的对象容器，其中可以添加画布所允许调用的所有对象和组件，但是要使对象表现物理性质，需给对象添加物体。

（3）本章重点、难点在于熟悉物理世界和物体的事件设置等相关操作，通过物理世界并结合随机函数、计时器等功能可以制作丰富有趣的 2.5D 小游戏。

第 6 章
数据库与服务

6.1 数 据 库

6.1.1 数据库概述

在前面 5 个章节中，我们已经初步掌握了 iVX 交互设计中的一些重要工具，可以设计一些简单的交互应用。但是在实际使用场景中，还有一些与数据相关的功能无法实现，例如，在游戏中记录用户的分数，方便使用积分来排名；在学校的教务系统中学生查询成绩，教师录入成绩；用户从事先准备好的奖池中抽奖；等等。这些应用场景都涉及对数据的增、删、改、查操作，需要通过数据库和后台服务来完成。

数据库与服务是 iVX 功能最强大的组件，可以实现与数据有关的复杂应用开发。iVX 的应用采用前后端分离架构，即前端部分和后台部分的逻辑完全独立，两者通过服务组件来通信（见图 6-1）。

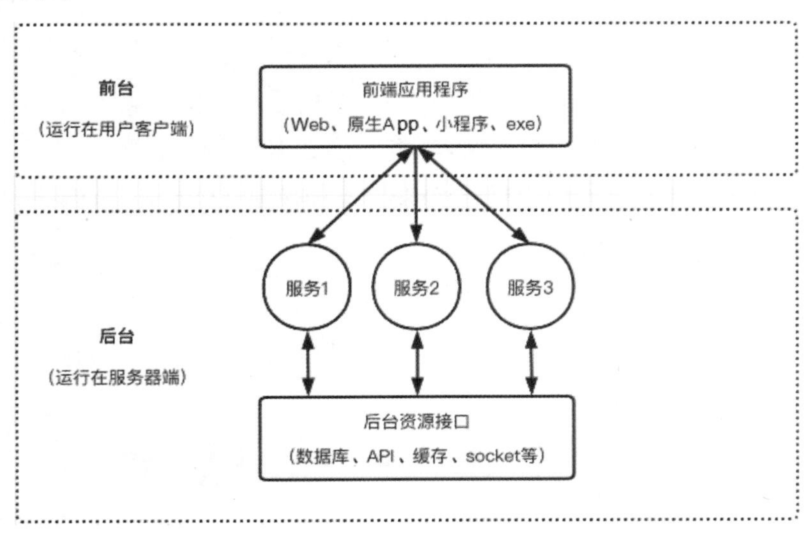

图 6-1 iVX 的前后台构架[①]

① 图片来源：https://www.ivx.cn/docview?page=17b9033c35c。

前台是运行在用户客户端的应用程序，支持多种类型，包括 Web 应用、小程序、原生 App 等，负责客户端界面的展示与交互。后台对应服务端程序，部署在后台服务器中，负责后台数据与通信逻辑的处理。后台提供多种资源接口，主要包含各种数据库、API、缓存、文件等，每一种接口都对应 iVX 中的一个后台组件。

数据库是按照数据结构来组织、存储和管理数据的仓库，是一个长期存储在计算机内的、有组织的、可共享的、统一管理的大量数据的集合。我们可以简单地把数据库理解为一个高级 Excel 表格，大多数的数据库都存放在远程服务器中，供前台的应用和用户调用。iVX 提供了多种数据库，用户可在对象树中选择后台进行添加（见图 6-2）。

图 6-2　数据库

iVX 中的数据库分为两大类，分别是普通数据库和特殊数据库。普通数据库是 MySQL 数据库，其中数据结果和字段数据都需要用户手动输入，因而也具有较灵活的通用性。特殊数据库是将常用的电商、用户、投票、红包等数据库相关功能进行封装，方便用户直接调用。普通数据库和特殊数据库都有“私有”和“企业”两种类型，其功能完全一样，但使用的权限不同。私有数据库仅对当前应用开放使用，而企业数据库可以供同一账号下的多个应用共享数据。例如，教务系统中的成绩数据库，可以针对学生和教师开发不同的两个应用，它们的功能和界面不同，但是后台的成绩数据保持一致。

在 iVX 中，前台的组件不能直接使用后台数据库的数据，需要借助后台的一个特殊组件“服务”来实现。服务是实现 iVX 前端应用与后台数据库之间数据交互的媒介。其工作原理是前端发起服务请求，服务启动，向后台传递增、删、查、改等处理需求，并将处理结果通过参数返回；前端可通过服务“回调”获取服务的返回参数、运行状态等（见图 6-3）。如果把前端应用比作餐厅中正在点餐的顾客，把后台数据库比作餐厅的后厨，那么服务就是为客户记录点餐、向后厨传递点餐信息并最终将菜品递送到客户餐桌上的服务员（见图 6-4）。

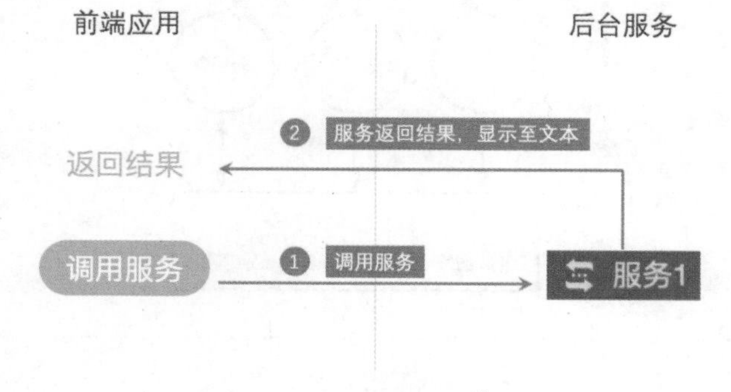

图 6-3　服务的作用①

① 图片来源：https://www.ivx.cn/docview?page=data-service。

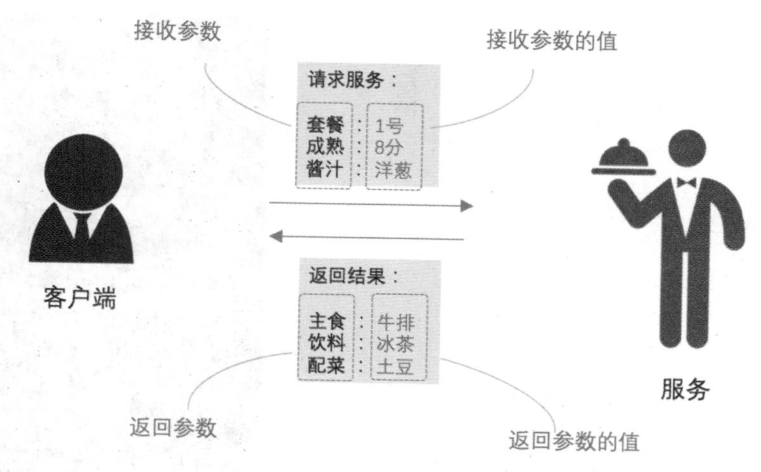

图 6-4 服务的原理①

包含数据库的应用一般包含以下 3 个部分。

（1）用户界面：即前端应用，其运行在用户的浏览器端，负责收集用户填写的信息。

（2）数据库表：即后台资源，负责存储所有用户提交的信息。

（3）中间的提交服务：即后台的服务层，负责监听前端应用发送过来的请求，对请求的数据进行处理，例如，判断提交的数据是否合法，然后调用数据库表，写入数据。数据写入之后，服务还需要根据写入是否成功，将结果返回给前端应用，这样前端应用可以把数据提交结果在界面上显示出来。

传统的前后端数据交互是通过独立事件实现的，通信效率较低，保密性较差，对于可能出现的数据丢失、通信意外终止等情况也无法进行监测。服务隔绝了应用的前后端，保障了前后端数据交互的安全性，实现了交互状态的可监控性。同时由于服务的本质是一个动作组，合理设计服务可实现逻辑复用，进而降低项目复杂度，增强项目的可读性和易维护性。

6.1.2 项目实训：简易表单提交

本项目实训如图 6-5 所示。

★项目概述：用户在前台输入姓名和电话，单击“提交”按钮后数据记录在后台数据库中，数据库新增成功后在前台提示“提交成功”，提交失败时前台提示失败的原因。表单提交的对象树结构如图 6-6 所示。

在图 6-7 所示的服务流程中，左侧用户界面对应所有前台下的 UI 元素和逻辑；中间提交服务对应后台根下的“提交服务”组件；右侧数据表对应后台根下的“用户信息表”数据库组件。注意，由于服务和数据库（后台资源）均部署在后台服务器，因此，尽管它们的职能不同，但均添加在编辑器“后台”根下。

① 图片来源：https://www.ivx.cn/docview?page=data-service。

表单提交

姓名：请输入姓名

手机：请输入电话

提交

图 6-5 简易表单提交①

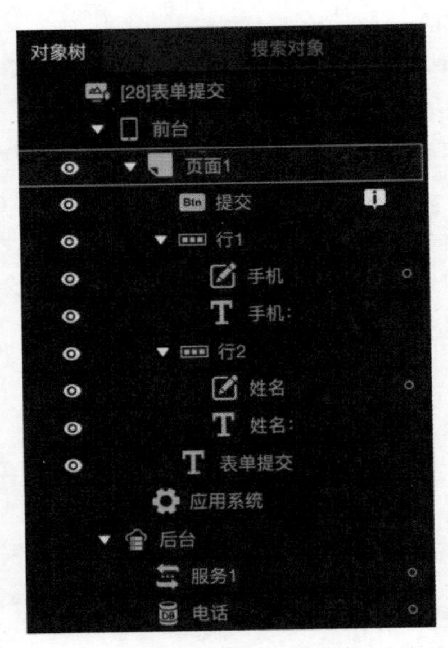

图 6-6 对象树结构

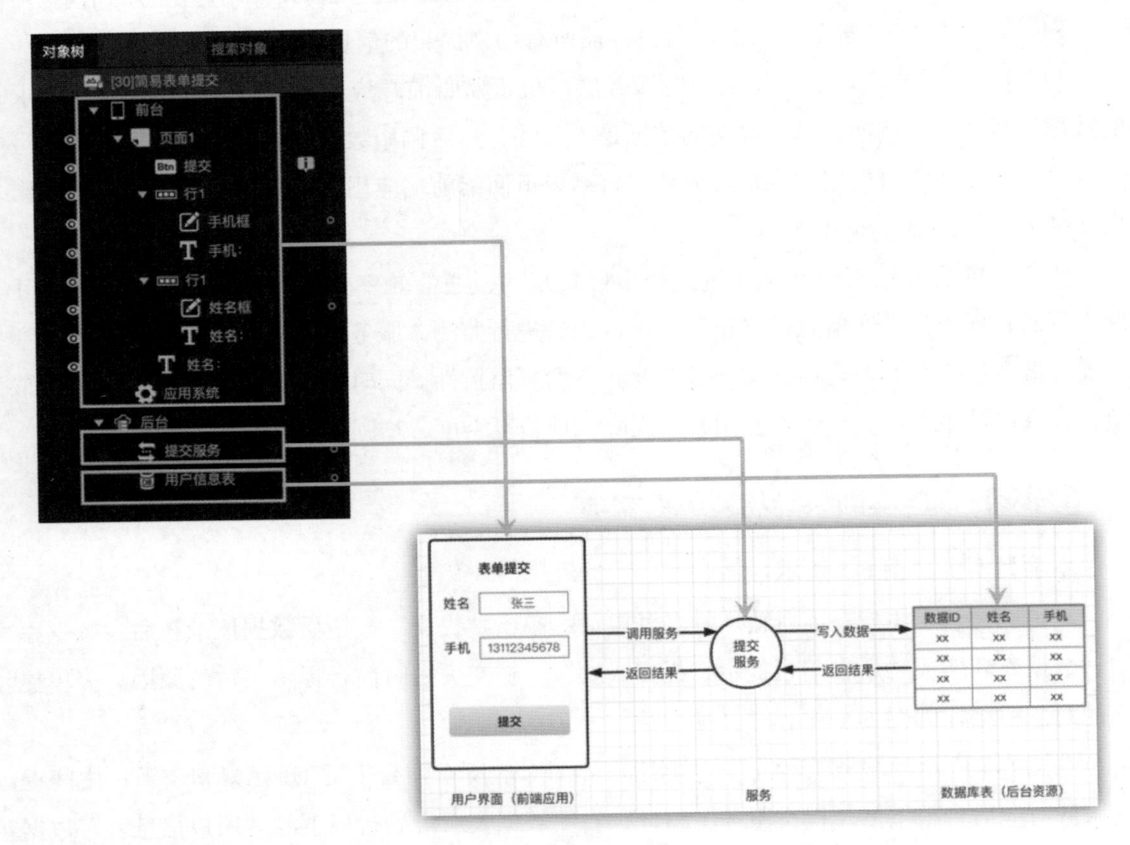

图 6-7 服务流程②

① 访问地址：https://file9e17b2b47d37.v4.h5sys.cn/play/k6xkXlVn?code=091RNL0w3yyuH03NIo2w3bgc7y0RNL0o&state=chm6qsbjq8qupi0627g0。

② 图片来源：https://www.ivx.cn/docview?page=17b9033c35c。

★技能要点：

（1）新建数据库。

（2）新建服务。

（3）完成前后台的通信。

★开发步骤：

（1）搭建前台用户界面（UI）。

① 新建 WebApp，使用相对定位环境。

② 选择前台，新建页面。在页面中新建提交按钮和标题文本。

③ 新建两个行，在行中新建输入框和文本。

④ 通过页面和行的对齐方式以及各元素的边距来进行对齐和定位，完成 UI 搭建。

提示

相对定位环境自适应性更强，但在编辑时不能随意拖动，其最基本的排版工具是行和列，对于以文本内容为主的应用更加适用，用户可以通过调整行和列的对齐方式以及“排版设置”中的各种边距来实现精确定位（见图 6-8）。

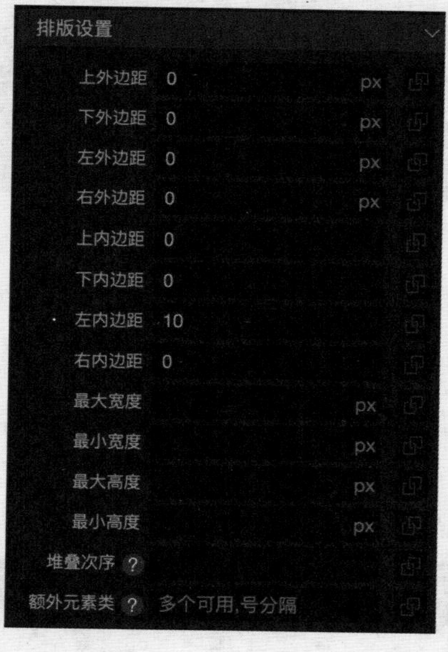

图 6-8　排版设置

（2）搭建后台数据库。

① 选择后台，新建数据库并命名为“电话”（见图 6-9）。

② 选中建好的数据库，单击新建字段按钮（见图 6-10）。

③ 字段可以理解为 Excel 的表头，可以根据实际需要选择相应的字段类型。在“字段类型”中选择“文本”，在“字段名称”中输入“姓名”，单击“确定”按钮（见图 6-11）。

使用同样的方法新建“手机”字段。

图 6-9 新建数据库

图 6-10 新建字段

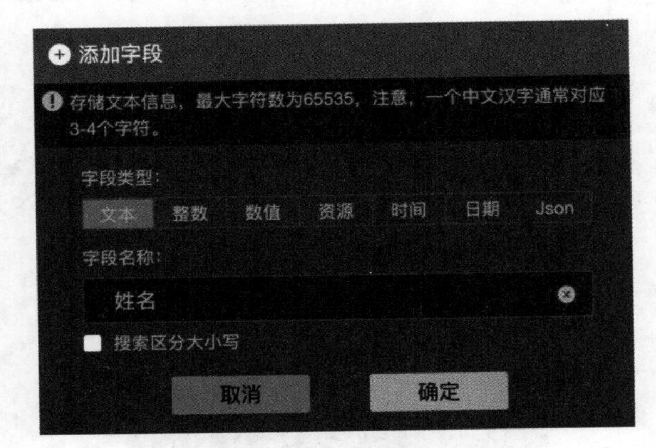

图 6-11 输入字段名称

提示

字段是数据库的基本结构，数据库可以没有数据，但必须有字段。创建字段后可以单击左下方的“+”按钮继续输入数据，也可以通过前台传入数据。用户新建自己的字段时，iVX 会默认创建“数据 ID”“提交用户”“创建时间”“更新时间”4 个字段，这些字段可以在应用中调用，但是用户不能删除和修改（见图 6-12）。

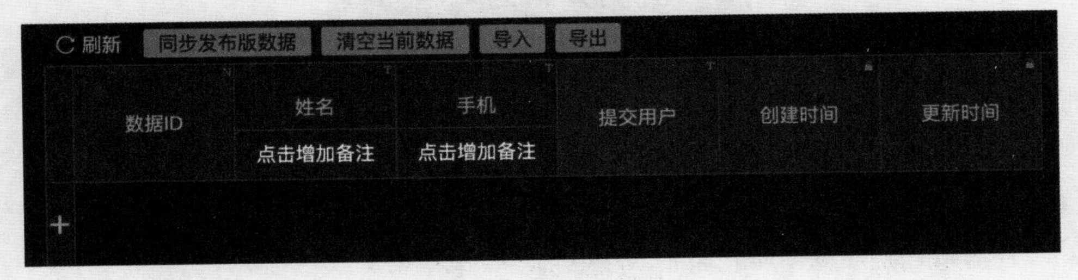

图 6-12 默认字段

（3）新建和调用服务。

① 在后台新建服务（见图 6-13）。

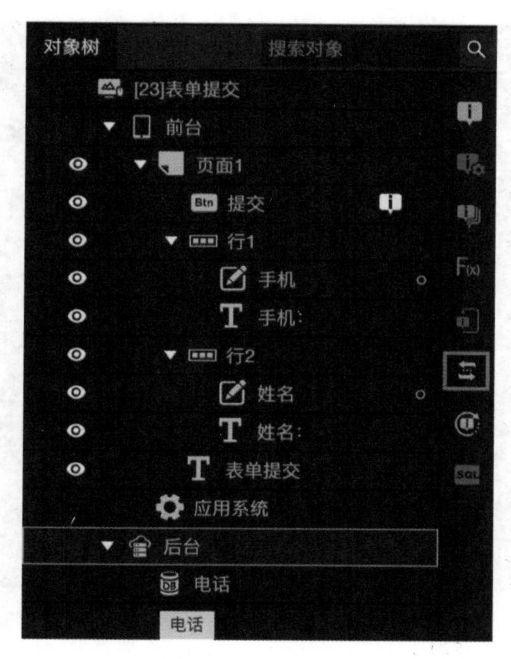

图 6-13　新建服务

② 选中服务，添加接收参数和返回参数（见图 6-14）。两个接收参数分别为“name”和“tel”，3 个返回参数分别为“提交结果”“失败原因”“提交数据”。

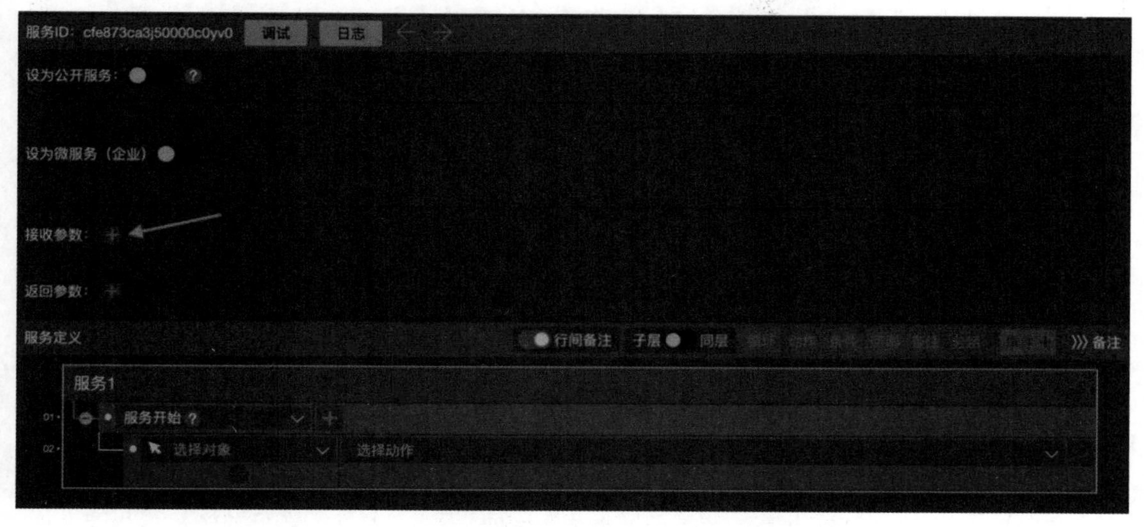

图 6-14　添加接收参数和返回参数

③“服务开始”时，让数据库进行“提交”动作。在两个字段的下拉菜单中分别选择接收参数“name”和“tel”。选中“提交”动作，单击窗口右上方的“回调”按钮（见图 6-15），设置提交“完成”时“当前服务”“设置返回结果”，分别在下拉菜单中选择“提交结果 . 是否成功”“提交结果 . 失败原因”“提交结果 . 对象变量”，完成返回参数的设定。

图 6-15　服务设置

提示

“回调”是服务动作的结果，需要选中动作才能添加。回调的结果通过返回参数接收。服务是后台组件，使用时需要添加在后台目录下。尽管某些场景使用服务时无须设置参数即可完成，但是绝大多数情况下的服务调用都需要设置接收参数和返回参数才能完成。前后台均可对服务结果进行调用。在本案例中，服务是在按钮被单击时调用的，即在按钮的单击事件中调用服务，将输入框的内容作为接收参数，并在回调中引用返回参数。用户还可以指定参数的类型或者是否必填来筛选接收参数。例如，本案例中可以指定 name 和 tel 为必填和字符型参数，用户也可以在前台输入框的属性中设置更具体的输入类型限制，当用户输入的数据不满足这些条件时，服务就会失败，系统不会调用数据库记录这些数据，这样可以有效避免无效数据并降低系统负载。

④ 选中前台的提交按钮，添加事件。当用户单击前台的提交按钮时，调用服务。前台输入框的“内容”分别传入两个接收参数“name”和“tel”。给启动服务的动作添加“回调”，选中“完成”，针对两种结果需要单击右上方的“条件”按钮，给“完成”添加两个分支条件。选中第一个条件，设置当“返回结果 . 提交结果”“=”“是”时，单击窗口右上方的“动作”按钮，添加动作为前台的“系统界面”“显示提示语”“提交成功”，然后清空两个输入框的内容，以方便下一次输入。选中另一个条件，更改逻辑类型为“其余”，在其下添加动作，让“系统界面”提示“返回结果 . 失败原因”（见图 6-16）。

图 6-16 调用服务

提示

通常情况下，提交动作有成功和失败两种结果，需要针对不同的情况给用户不同的提示。这时需要在回调时设置两个条件判断，当确认回调的结果是“是”时，就是提交成功了，其余情况都是失败，因此失败的情况不用再设置具体条件。但是，要把第二个条件的逻辑类型改为“其余”，否则，两个“且”条件将产生矛盾，导致判断失败。

（4）预览，完成。

6.1.3 项目实训：数据库抽奖

本项目实训如图 6-17 所示。

★项目概述：用户输入电话后单击转盘抽奖，同一电话最多有 3 次机会，3 次以内抽中奖金立刻停止，并显示奖金等级和金额。奖金分为 1 等奖 1 个 1000 元，2 等奖 2 个 500 元，3 等奖 3 个 100 元。同一电话再次抽奖会显示原先的中奖记录，但不能继续抽奖。

随机抽奖的基本原理：用户单击按钮后让计数器随机生成 1 和 2 两个数字，1 表示不获奖，2 表示获奖。在计数器为 2 的情况下再到奖池数据库中随机抽取一条显示在前台，同时在数据库中标记该条奖金为已抽取状态，避免同一奖金被反复抽到。前台的转盘动画根据以上抽取结果播放至特定时刻即可。配合计数器可以限制抽奖次数。因此，抽奖结果实际上在用户单击的瞬间就已经决定好了，转盘只是根据结果播放。但当我们让获奖结果在动画结束后才显示时，就会造成奖金是由转盘决定的错觉。

抽奖功能的实现需要建立 3 个页面，前台和后台的结构如图 6-18 和图 6-19 所示。

图 6-17 数据库抽奖①

图 6-18 前台

随机抽奖流程如图 6-20 所示。

① 访问地址：https://file9e17b2b47d37.v4.h5sys.cn/play/wUA5EjgB。

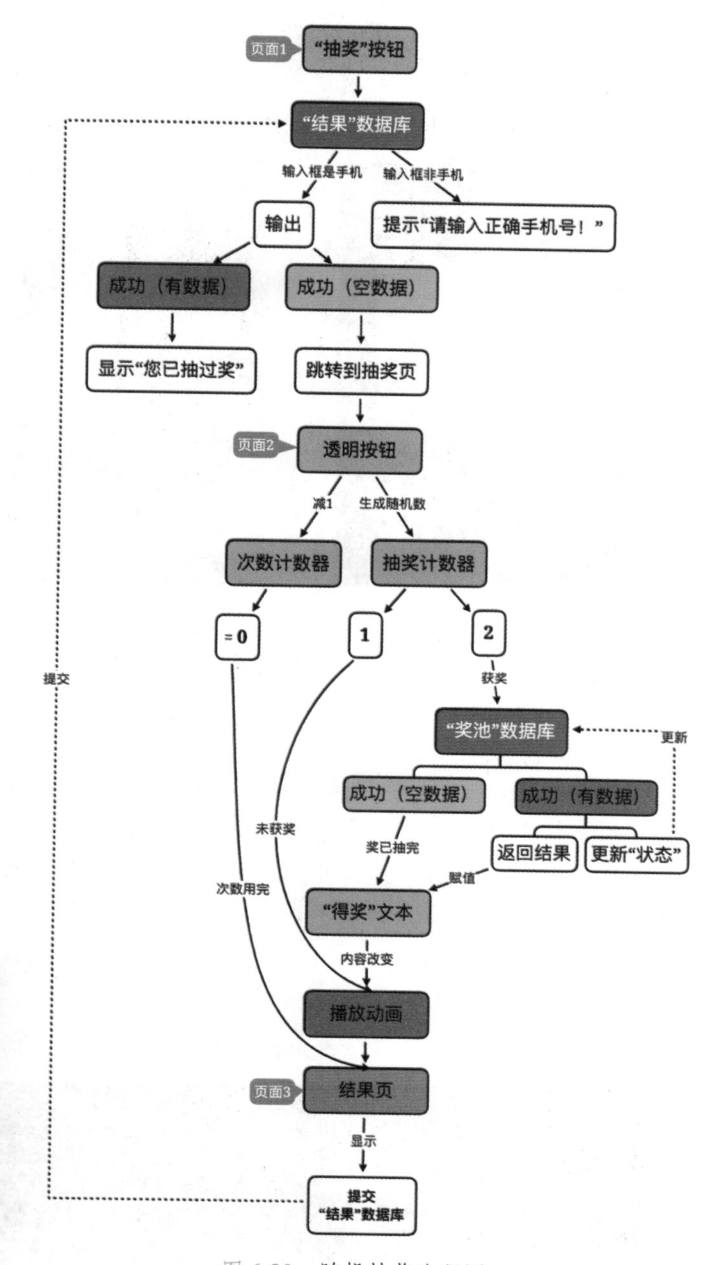

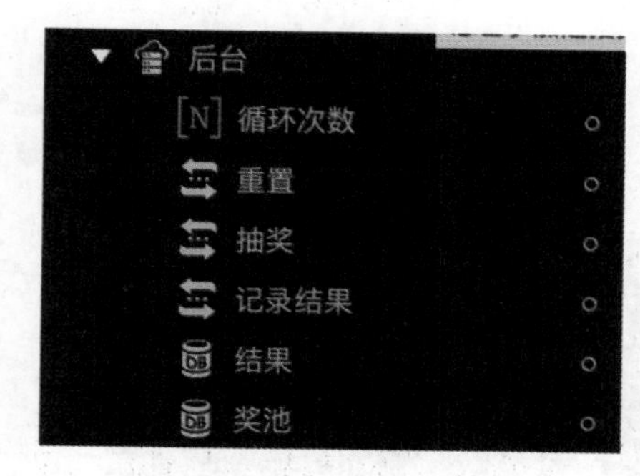

图 6-19　后台

图 6-20　随机抽奖流程图

★技能要点：

（1）输入框的校验。

（2）数据库的提交、更新和输出，随机获取数据库记录。

（3）计数器的使用。

（4）复合条件与轨迹动画。

★开发步骤：

（1）搭建前台 UI。

① 新建 WebApp，使用绝对定位环境，应用名为“抽奖”。

② 新建 3 个页面，命名为“手机”“抽奖”“中奖”。

③ 导入素材，搭建页面的 UI（见图 6-21 ～图 6-23）。

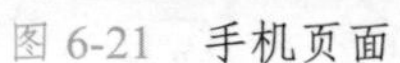
图 6-21　手机页面

图 6-22　抽奖页面

图 6-23　中奖页面

提示

输入框是前台获取用户信息的重要组件，为避免无效信息，往往需要进行内容和格式的校验。iVX 提供了中文、数字、字母、身份证、手机、邮箱等多种校验格式，在用户输入的过程中或者输入完成后均可通过添加条件判断的方式进行校验。本案例中，当用户输入手机号并单击“抽奖”按钮时进行判断，如果输入的是手机号，则翻页到抽奖页面，如果不是，则提示“请输入正确的手机号！”，不翻页，等待用户重新输入。此处应注意，判断输入框的内容是“类型为”手机，而不是“=”手机。另外，第二个复合条件的逻辑关系为“其余”，条件不填，也可以把第二个判断的逻辑关系设为“且”，条件内容是“类型非”手机（见图 6-24）。

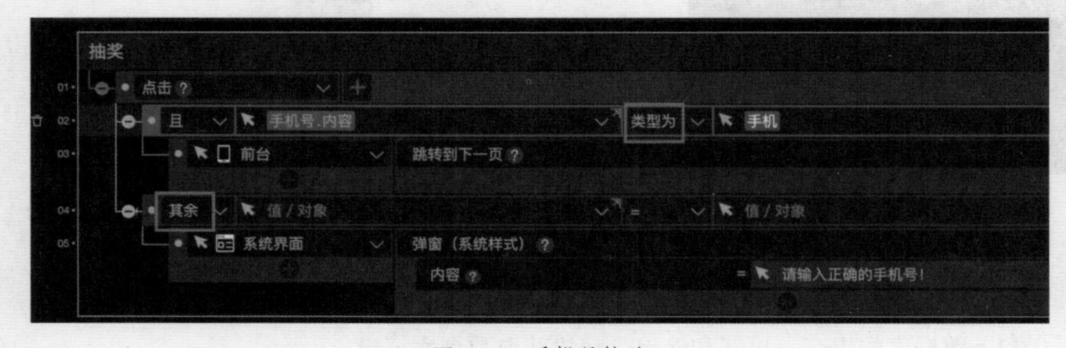

图 6-24　手机号校验

④ 在第二页添加透明按钮，单击后转盘开始转动。

⑤ 给“点击转盘开始抽奖”的文字提示添加合适的动效。

⑥ 手机和中奖页面均使用了“横幅（绝对定位）”来定位（见图 6-25）。横幅是一种

特殊的定位容器，它可以方便地对元素在页面全局中的位置进行布局，横幅的“整体布局”属性可以调节自身在父级页面中的布局方式（见图 6-26），还可以配合“水平偏移”和“垂直偏移”属性微调。不论在相对定位还是绝对定位环境中，均可以实现自适应布局。“横幅（绝对定位）”和“横幅（相对定位）”的区别是其内部的对齐方式不同。

图 6-25　横幅（绝对定位）

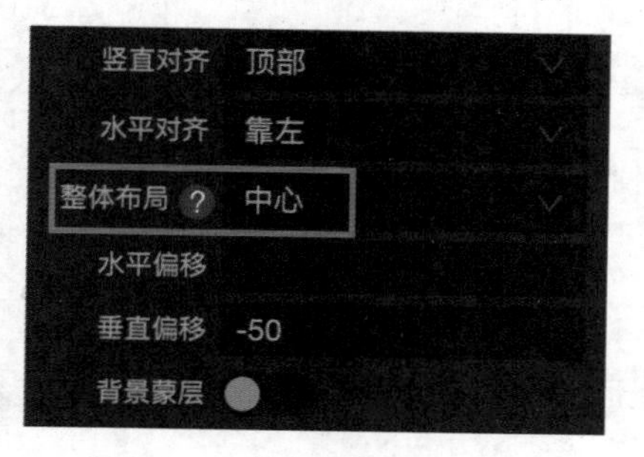

图 6-26　横幅的整体布局

⑦ 在页面 2 中新建“画布”，在画布中添加指针和转盘素材。

⑧ 给转盘素材添加“轨迹”（见图 6-27）。由于要制作出转盘越来越慢的效果，需要在整个轨迹上添加多个关键帧，然后设置相邻两个关键帧之间旋转角度的增量越来越小即可。本案例中使用默认的 10s 时长，每隔 2s 添加一个关键帧，0s、2s、4s、6s、8s、10s 关键帧的旋转角度分别是 0、1800（增加 5 圈）、3240（增加 4 圈）、4320（增加 3 圈）、5040（增加 2 圈）、5400（增加 1 圈）。设置完成后将轨迹的实际时长定为 2s（见图 6-28），加速转盘旋转。

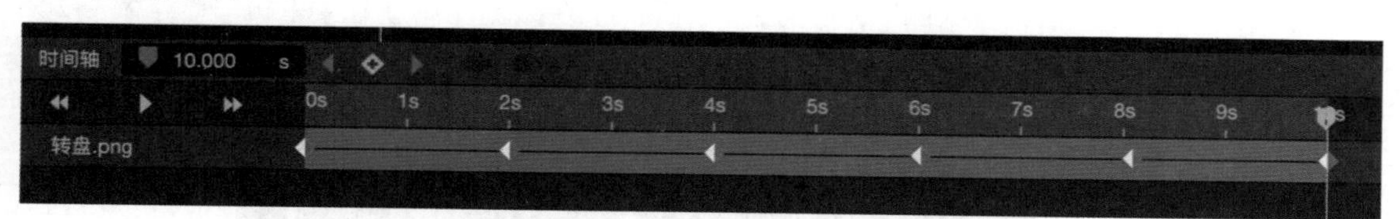

图 6-27　转盘轨迹

图 6-28　设置实际时长

提示

本案例中需要给转盘的轨迹添加“暂停”事件来触发一系列动作，如果在页面中直接给素材添加轨迹，可以看到轨迹是没有触发事件的，因此需要把素材和轨迹放在画布或时间轴中添加事件。

（2）搭建后台数据库和服务。

① 选中后台，新建“私有数据库”，命名为“奖池”。在数据库中新建“等级”“奖金”“状态”3 个文字类型的字段。“状态”字段用来记录奖金是否已被抽取，“0”表示未被抽取，

“1”表示已被抽取，初始状态下值均为“0”。手动输入或者导入“奖池”数据库中的数据（见图 6-29）。

预览数据表　发布数据表

刷新　同步发布版数据　清空当前数据　导入　导出

	数据ID	等级 点击增加备注	奖金 点击增加备注	状态 点击增加备注	提交用户	字段
1	1	一等奖	1000	0		2
2	2	二等奖	500	0		2
3	3	二等奖	500	0		2
4	4	三等奖	100	0		2
5	5	三等奖	100	0		2
6	6	三等奖	100	0		2

图 6-29　奖池数据库

② 在后台新建“私有数据库”，命名为“结果”。在数据库中新建“手机”“等级”“奖金”3 个文字类型的字段（见图 6-30）。

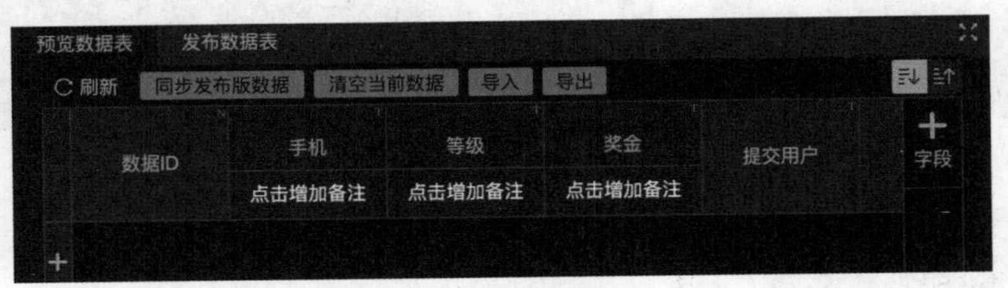

图 6-30　获奖结果数据库

③ 在后台新建服务，命名为“抽奖”。由于服务开始时是随机从数据库中抽取一条数据，所以不需要接收参数。添加两个返回参数，分别是“等级”和“奖金”，对应“奖池”数据库中的字段。当服务开始时，让“奖池”数据库从现有还未被抽取的所有数据中“随机获取”一条数据，因此筛选条件为“状态”字段“=”“0”。由于可能存在多条数据都未被抽取的情况，还要设置随机行数为“1”（见图 6-31）。

④ 继续在“抽奖”服务中选中“随机获取”动作，为它添加“回调”（见图 6-32），当随机获取“成功（有数据）”时，表明抽到了奖金，需要给当前服务设置返回结果，其中返回参数“等级”的值是“获取结果 . 对象数组 . 某个值 (行号 :0, 列名 :' 等级 ')”，“奖金”

的值是“获取结果．对象数组．某个值(行号:0,列名:'奖金')”。随机获取成功后，为避免同一奖金被反复抽取，还需要更新所抽出的这一行的“状态”字段为1。因此需要在“成功(有数据)”下继续添加动作，单击“当前服务”动作下方的“+”按钮，添加更新奖池的动作。更新的筛选条件为“数据ID”字段，使用“获取结果．对象数组．某个值(行号:0,列名:'数据ID')”来筛选，并将符合条件的记录的“状态”赋值为“1”。选中奖池的“随机获取”动作，继续添加“回调”，回调状态为“成功（空数据）”，此时虽然完成了抽取动作，但是由于奖池已经抽完，“状态”字段均为“1”，因此当前服务返回结果的“等级”和“奖金”均为空，可以手动填写奖金的返回结果为“奖已抽完！”，后面可以在前台设置事件调用这个参数，提醒用户。

图 6-31　抽奖服务（一）

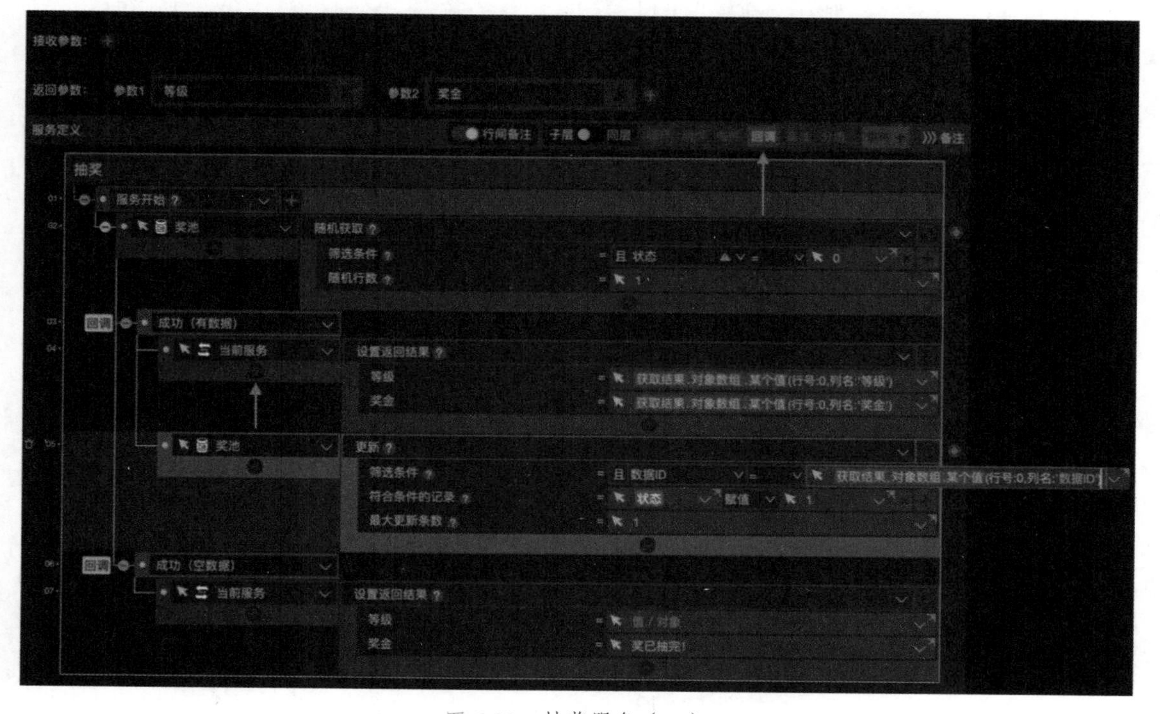

图 6-32　抽奖服务（二）

提示

设置返回结果格式为对象数组的某个值时，系统会自动添加括号等固定格式内容，用户需要自行在“行号”和“列名”后输入内容。注意不要删除或添加任何字符，这里的括号、冒号、逗号均为英文半角格式，中间没有空格；不论对象数组还是二维数组，其行都是从 0 开始标号，所以第一行的行号是“0”而不是“1”；不同的动作有不同的回调状态，数据库的“输出”和“随机获取”动作都有 4 类回调状态：“完成”“成功（有数据）”“成功（空数据）”“失败”（见图 6-33）。

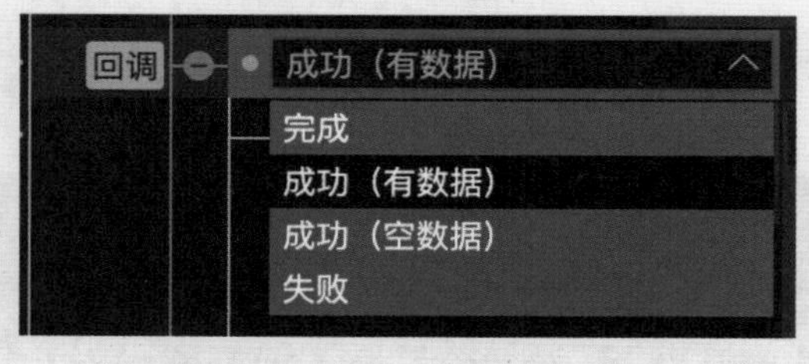

图 6-33　回调结果

- 完成：默认的回调状态，动作执行即可，不区分执行的结果。
- 成功（有数据）：抽取或输出动作成功执行，且找到了符合条件的数据。
- 成功（空数据）：抽取或输出动作成功执行，但没找到符合条件的数据。
- 失败：服务器无响应或网络故障等引起的动作未执行。

⑤ 新建“记录结果”服务，新建“手机”“等级”“奖金”3 个接收参数，服务开始时让“结果”数据库提交以上 3 个字段的获奖信息。其他设置如图 6-34 所示。

图 6-34　“记录结果”服务

⑥“重置”服务是为了方便读者测试使用，用户单击重置按钮后该服务会清空“结果”数据库，并将“奖池”数据库的“状态”字段均恢复为“0”，同时会把剩余次数计数器恢复为初始值“3”。为保证安全，iVX中的数据库没有“清空”动作，这里为了清空“结果”数据库中的所有记录，使用了循环条件，在后台新建数值变量，按照“数据ID”筛选并循环删除各行数据即可。读者在制作真实案例时可省略这一步，感兴趣的读者可以参考图6-35设置。

图6-35 “重置”服务

(3) 交互设置（事件设置）。

①选中手机页面的“抽奖”按钮添加事件。当用户单击按钮时首先要校验输入框的内容是否为手机号码，是则继续校验所填手机号码是否已经抽过奖，抽过就显示得奖情况（见图6-36）；不是就翻页到抽奖页面。如果用户输入的不是手机号码，则让浏览器弹窗提示“请输入正确的手机号！”（见图6-37和图6-38）。

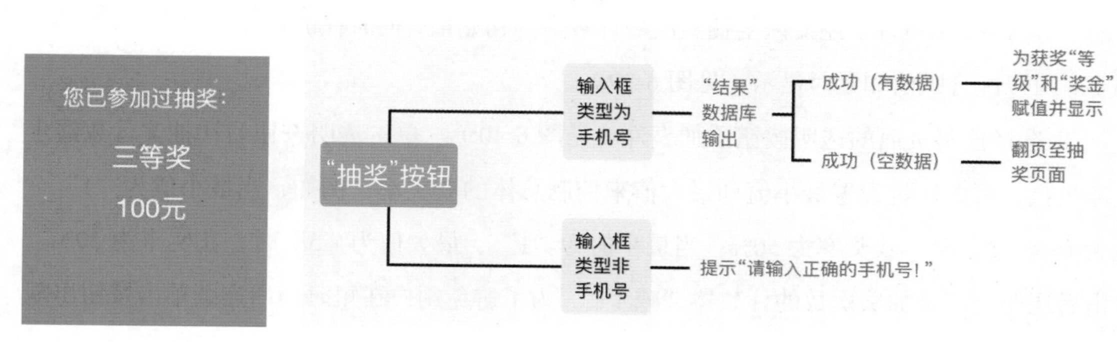

图6-36 已抽过奖

图6-37 “抽奖”按钮事件逻辑

图 6-38 “抽奖”按钮事件设置

② 为方便测试，本页还设置了“重置”按钮，开发完成后可以删除或隐藏。重置时除了清空“结果”数据库，还要恢复抽奖次数计数器为初始值，同时在前台提示用户重置结果，必要时可以配合赋值和延时显示（见图 6-39）。

③ 选择抽奖页面的透明按钮添加事件（见图 6-40）。单击透明按钮后让抽奖计数器生成随机数，可以通过设置最小值和最大值来控制总体的获奖率，例如，当最小值为“1”、最大值为“2”时，获奖率为 50%；当最小值为“1”、最大值为“5”时，获奖率为 20%。单击后还要给记录抽奖次数的计数器“减 1”。为了避免用户在短时间内连续单击按钮出现

错误，在单击后要让透明按钮隐藏，在转盘动画结束后又让透明按钮显示，以便再次单击。单击后还要隐藏提示语，在转盘动画结束后赋值剩余次数并显示出来。

图 6-39　重置事件

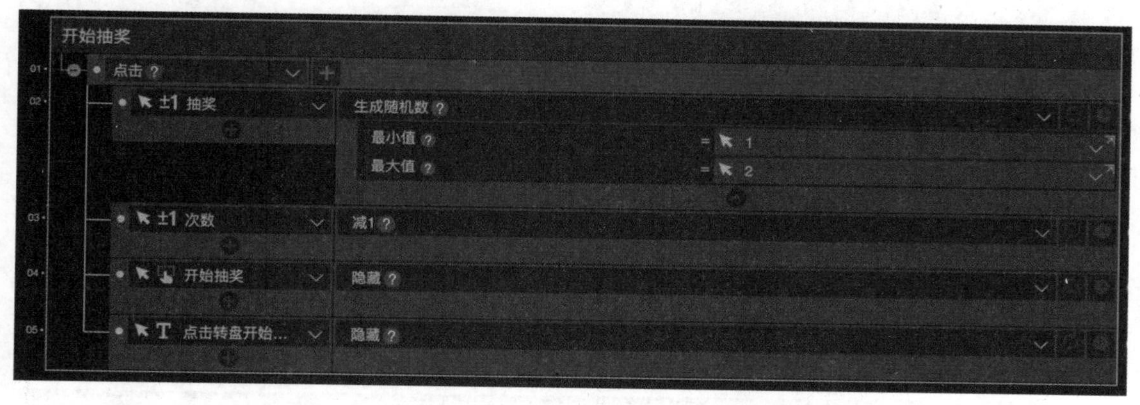

图 6-40　抽奖透明按钮事件

④ 用户单击透明按钮后，抽奖计数器随机生成 1 或 2。等于 1 时，就是没有获奖，让转盘播放到未获奖状态，并显示“您未获奖！”。等于 2 时，有资格抽奖，启动“抽奖”服务并返回结果。返回的结果包含了获奖和已抽完两种情况，这两种结果已经在前面后台的“抽奖”服务中定义完成，此处前台直接引用服务的返回参数即可，前台并不用区分获奖还是已抽完。具体的事件设置如图 6-41 所示。

⑤ 次数计数器用来限制抽奖次数，初始值设为 3。当值等于 0 时说明次数用完，直接翻到结果页面即可（见图 6-42）。

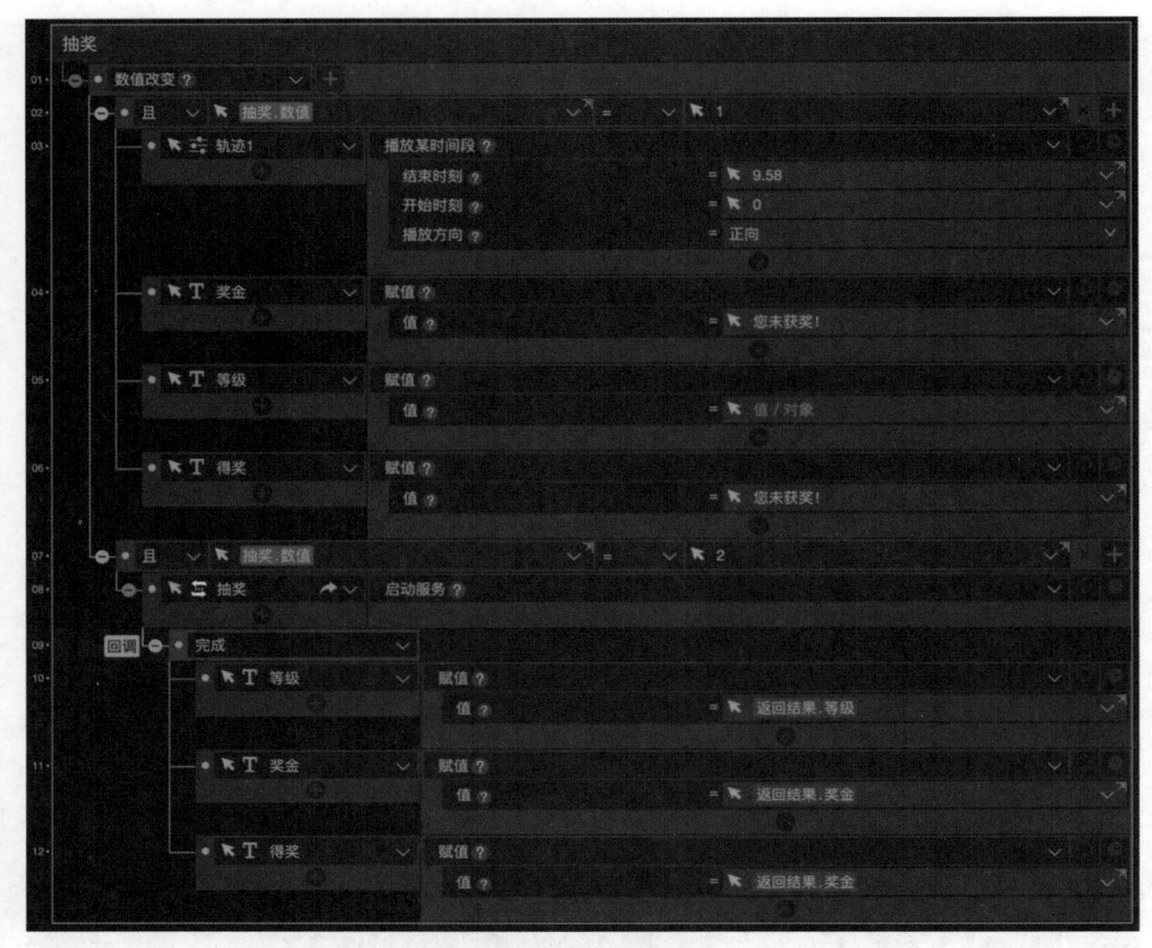

图 6-41　抽奖计数器事件

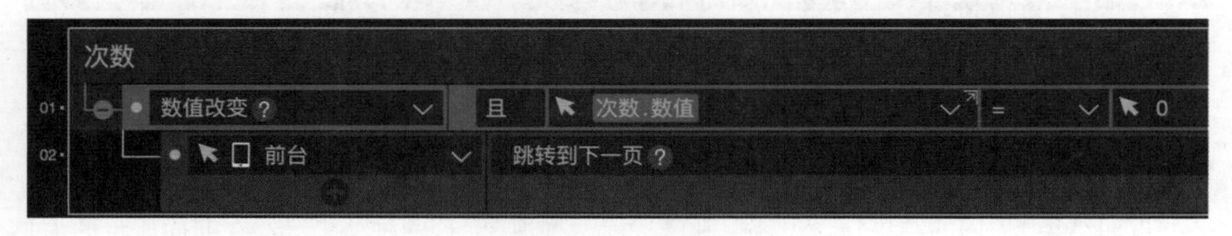

图 6-42　次数计数器事件

⑥ 转盘轨迹的旋转动画是由得奖结果决定的，当结果页面的“等级”和“奖金”文本接收到后台传回的得奖内容后，就可根据文本内容的等级或奖金来控制转盘的暂停时间。但是，由于文本的“内容改变”事件不能跨越页面执行，所以在第二页转盘页面中新建了一个隐藏文本“得奖”，作为“奖金”的替身控制本页的轨迹动画。只需要在“抽奖”动作返回结果的同时给“奖金”和“得奖”赋相同的返回值即可。轨迹动作“播放某时间段”的结束时刻需要根据“得奖”文本的具体内容调整，“得奖”文本的事件设置如图 6-43 所示。

⑦ 轨迹动画暂停时，显示剩余次数和透明按钮（前面在单击透明按钮时已隐藏），恢复抽奖计数器为初始值“0”。同时，如果用户在 3 次以内得奖，则立刻跳转到结果页面不

再抽奖（见图 6-44）。

图 6-43　“得奖”文本事件

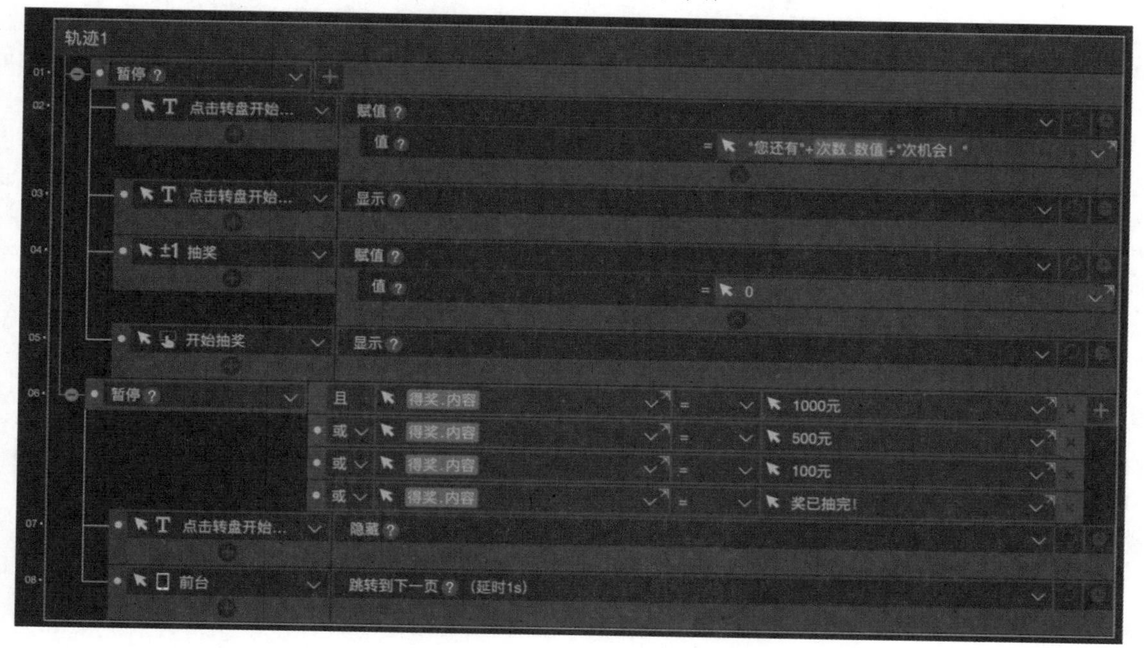

图 6-44　轨迹事件

⑧不论中奖或不中奖，结果页面均要显示结果，当结果页面显示时要调用“记录结果”服务，在数据库中记录结果（见图6-45）。

图6-45　抽奖计数器事件

（4）预览，完成。

6.2 用户数据库

6.2.1 用户数据库概述

在6.1.3节“数据库抽奖”案例中，用户输入任意手机号码就能抽奖，如果想反复抽奖，只需重新打开首页输入新的手机号码即可。为避免以上情况，在实际应用中，往往需要对用户身份的唯一性（真实性）进行确认，常见的方法是要求用户通过手机短信、邮箱、微信、QQ等已经确认真实性的账号来辅助注册或者登录。iVX将常用的与用户相关的功能封装为“用户数据库”，方便用户直接调用。用户数据库是一种定制好的数据库，拥有所有普通数据库的功能属性。新建用户数据库时，系统自动新建了13个默认字段，分别是“用户ID”“手机号”“密码”“openid”“unionid”“邮箱地址”“昵称”“头像”“被屏蔽”“用户类型”“登录类型”“创建时间”“更新时间”（见图6-46）。在用户数据库中，用户不能修改或删除默认字段，但可以继续添加自定义的字段。除了字段名不同，用户数据库还有与普通数据库不同的“动作”，包括各类注册、登录和获取验证码等（见图6-47）。用户数据库封装了图片验证码功能，用户可以配合短信或邮箱等进行进一步的身份验证（见图6-48）。

图6-46　用户数据库默认字段

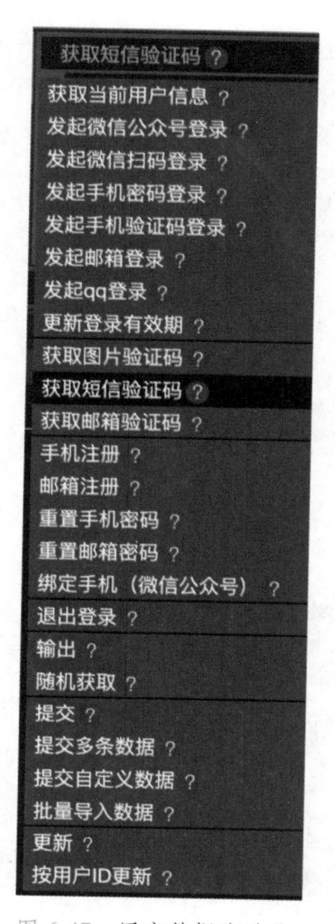

图 6-47　用户数据库动作

图 6-48　图片验证码

6.2.2 项目实训：手机短信验证注册与登录

本项目实训如图 6-49 所示。

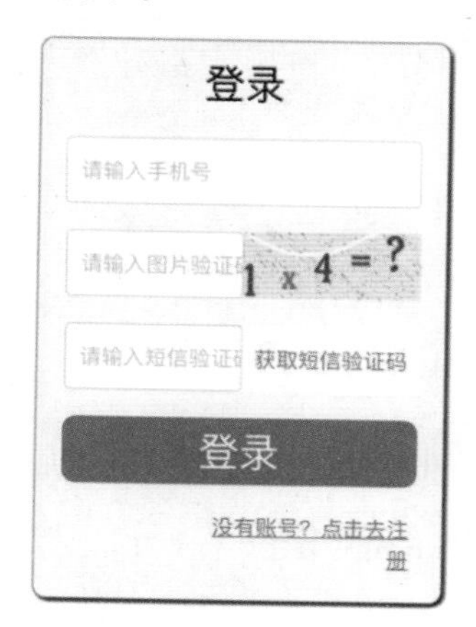

图 6-49　手机短信验证注册与登录①

① 访问地址：https://file9e17b2b47d37.v4.h5sys.cn/play/lzSc5odU?code=021vOu0w3vedH03uZ30w3l1DcH0vOu00&state=chm6rarjq8qupi062ad0。

★项目概述：手机短信是最常用且安全可靠的身份验证方式，其流程如图 6-50 所示。

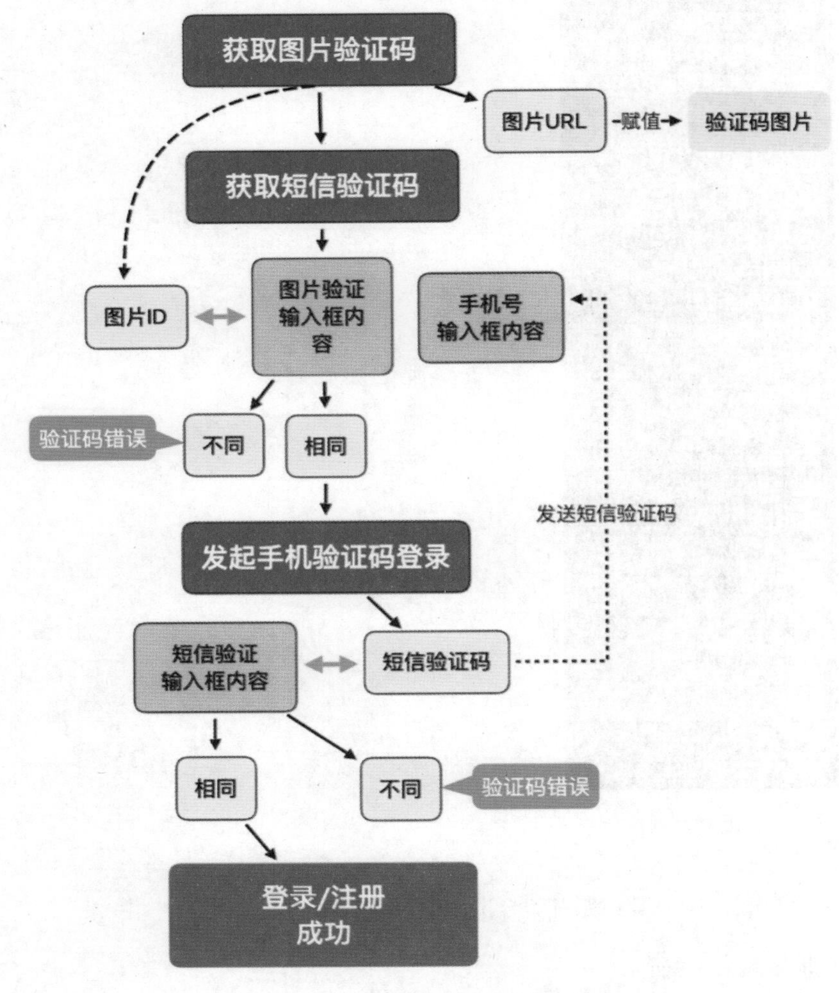

图 6-50　手机短信验证流程图

★技能要点：

（1）用户数据库的使用。

（2）手机验证码的使用。

★开发步骤：

（1）搭建前后台。

① 新建“登录 / 注册”和“用户”两个页面，并搭建前台 UI。为增强应用的自适应能力，使用了相对定位环境，在页面中使用了横幅（相对定位）和行，同时配合边距调节完成 UI 搭建。登录和注册分别使用了同一页面的两个横幅，通过单击事件控制横幅实现隐藏和显示的切换，UI 效果如图 6-51 所示，对象树结构如图 6-52 所示。

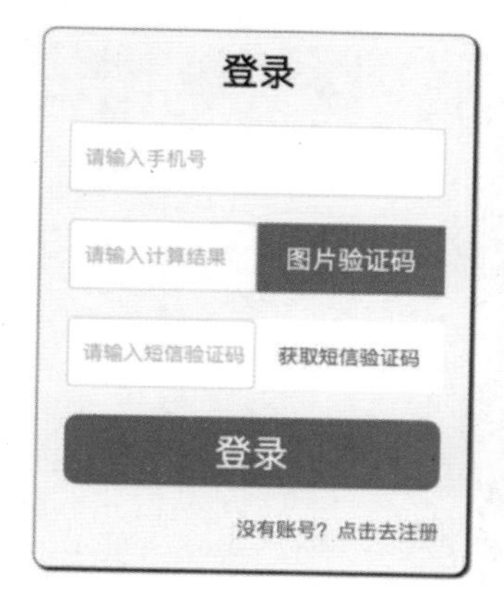

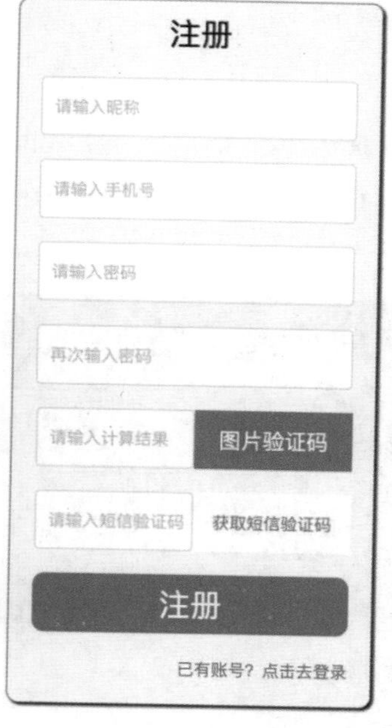

图 6-51　前台 UI

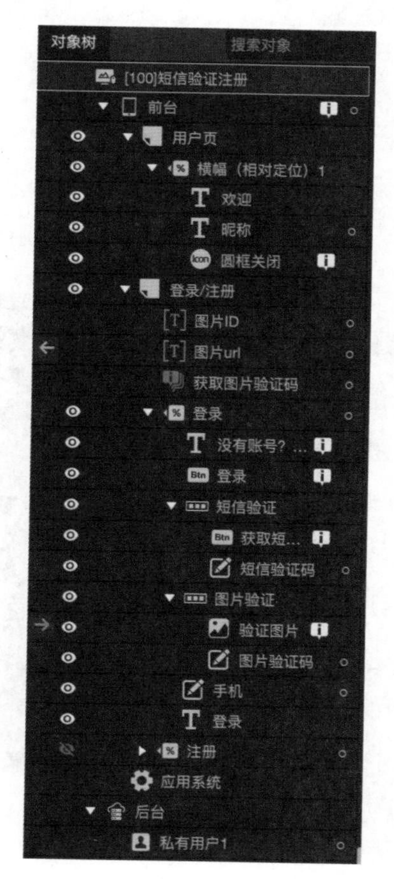

图 6-52　对象树结构

② 在后台新建“私有用户”数据库。

输入框有多种输入类型，默认为“文本”。可以在左侧属性面板中将密码输入框设置为“密码”类型（见图 6-53），前台会显示“……”代替密码内容，以提高安全性。

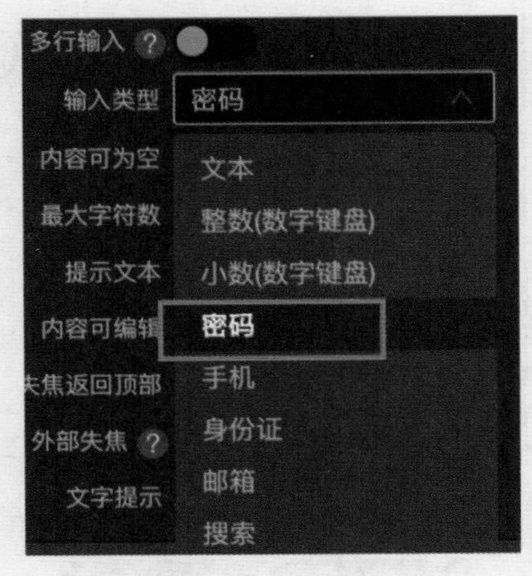

图 6-53　密码输入类型

（2）交互设计：“登录”横幅。

① 用户打开页面时展示登录界面，此时需要后台服务从用户数据库中获取图片验证码。获取图片验证码的一系列动作会反复被前台调用，因此使用动作组可以简化步骤。单击对象树右侧工具栏的“动作组”按钮（见图 6-54），选中新建的动作组，发现动作组与服务的设置十分相似，可以定义接收参数和返回参数，动作组的主体与事件的定义方式相同。本案例中，获取图片验证码不需要定义接收参数和返回参数，直接调用私有用户数据库的“获取图片验证码”动作，并添加回调将结果记录在两个文本变量“图片 ID”和“图片 url”中，以方便使用（见图 6-55）。

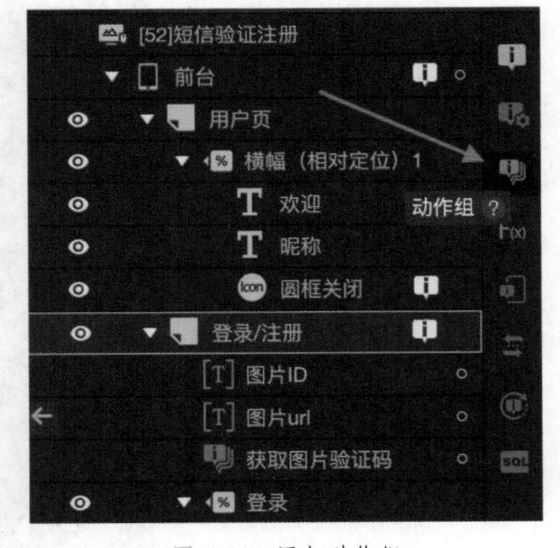

图 6-54　添加动作组

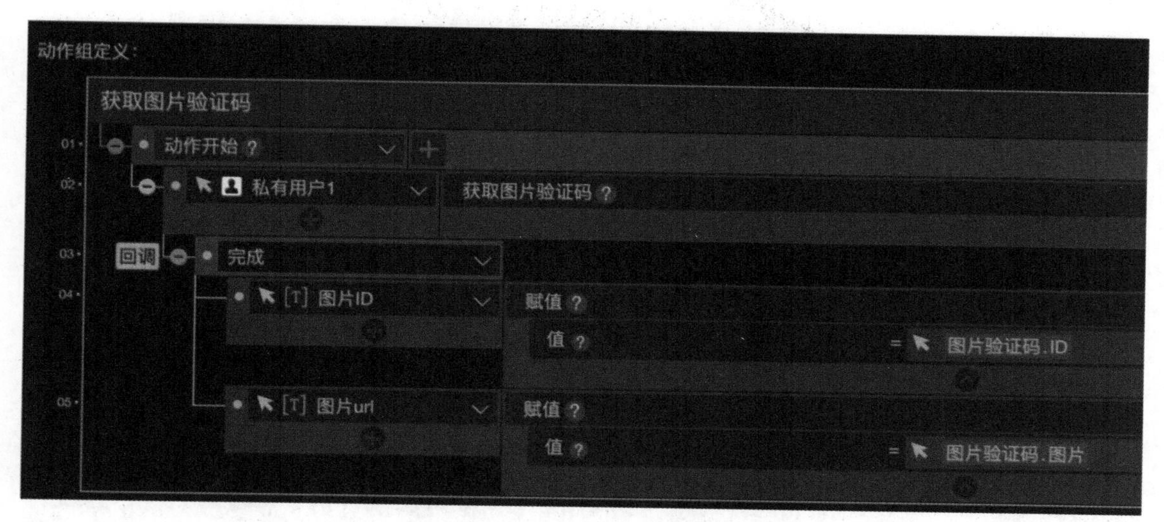

图 6-55　定义动作组

② 为前台添加事件。当前台初始化时，启动“获取图片验证码”动作组（见图 6-56）。选中验证码图片，将图片的“素材资源地址”与“图片 url”变量进行绑定（见图 6-57），这样打开案例时就会自动获取图片验证码。

图 6-56　前台初始化动作

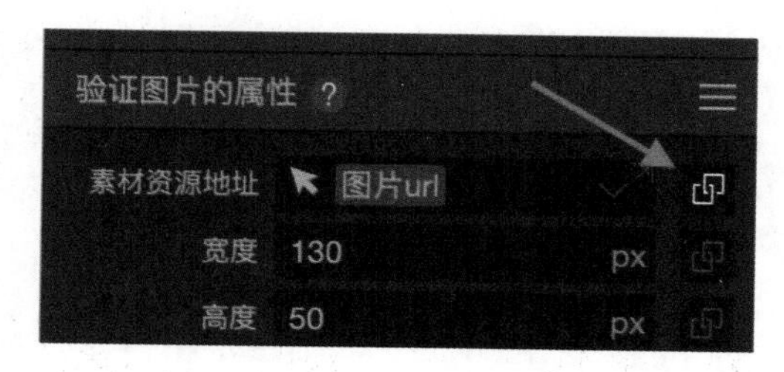

图 6-57　绑定“图片 url”变量

③ 为“获取短信验证码”按钮添加事件。单击时让私有数据库发起“获取短信验证码”动作。此处的“图片验证码 ID”就是前台初始化后已经获取到的文本变量“图片 ID”，“图片验证码”和“手机号”都是用户在前台输入框中输入的内容，“类型”为“登录验证”。添加回调，当系统返回的结果成功时，显示提示语“发送成功！”，其余情况提示失败原因，并重新获取图片验证码。为方便用户再次填写验证码，还可以清除上次的验证码输入框内容（见图 6-58）。

图 6-58 获取短信验证码事件

提示

获取短信验证码需要引用图片验证码ID，所以只有在成功获取图片验证码之后才能执行。发送短信验证码的费用（0.05元/条）会从案例的iVX账号余额中扣除，账户余额不足时无法发送。另外，“无需图片验证码”选项默认为“否”，如果选择“是”，可能造成短信接口被恶意调用而产生过高的短信费用。

④ 为“登录”按钮添加事件（见图6-59）。当用户单击“登录”按钮时，让私有用户数据库“发起手机验证码登录”，使用用户填入的手机号与上一步中收到的验证码比对后执行动作。给动作添加“回调”，登录成功则显示提示语，给用户页面的昵称赋值“登录结果”的“昵称”，翻页至用户页面。其余情况登录失败，显示提示语提示用户失败原因。配合输入框的验证条件，注意登录失败和未输入手机号或短信验证码的情况下，条件均为“其余”，否则会引起逻辑矛盾，导致动作无法执行。

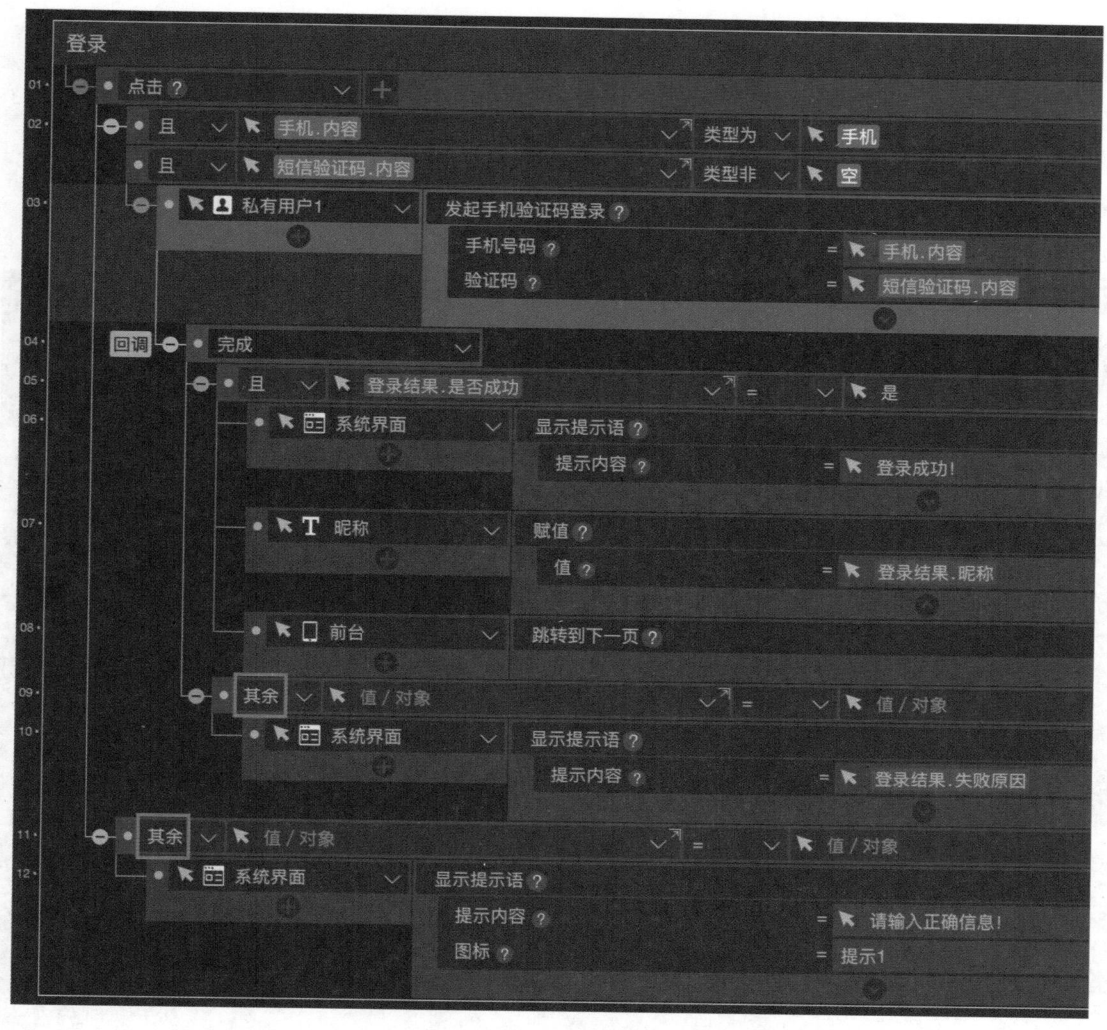

图 6-59 登录事件设置

⑤ 为避免验证码过期或用户需要主动更新验证码，可以给验证码图片添加调用“获取图片验证码”动作组的单击事件（见图 6-60）。

⑥ 给“没有账号？点击去注册”文本添加事件，隐藏“登录”横幅，显示“注册”横幅（见图 6-61）。

图 6-60 更新验证码

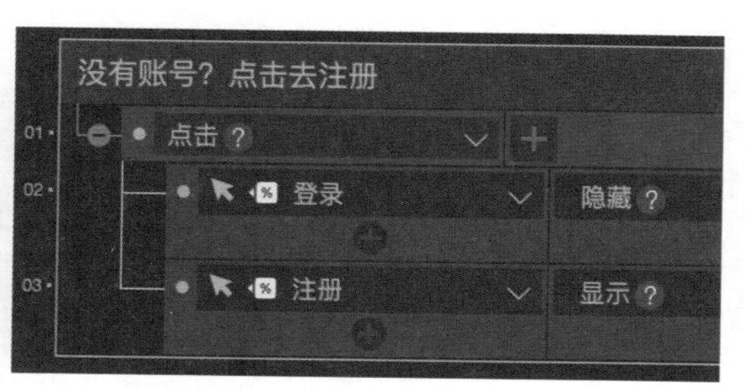

图 6-61 显示“注册”横幅

(3) 交互设计：“注册”横幅。

① 注册界面多了昵称和两个密码输入框，“登录”按钮改为“注册”按钮，其余内容与登录界面相同。“获取短信验证码”按钮的事件与登录界面基本相同，此处的“图片验证码”与“手机号”为注册横幅中的输入框内容，如果是复制登录横幅中的事件，要特别注意修改这两项和下面的清空图片验证码输入框内容的对象。“类型”设置为“注册验证”（见图6-62）。

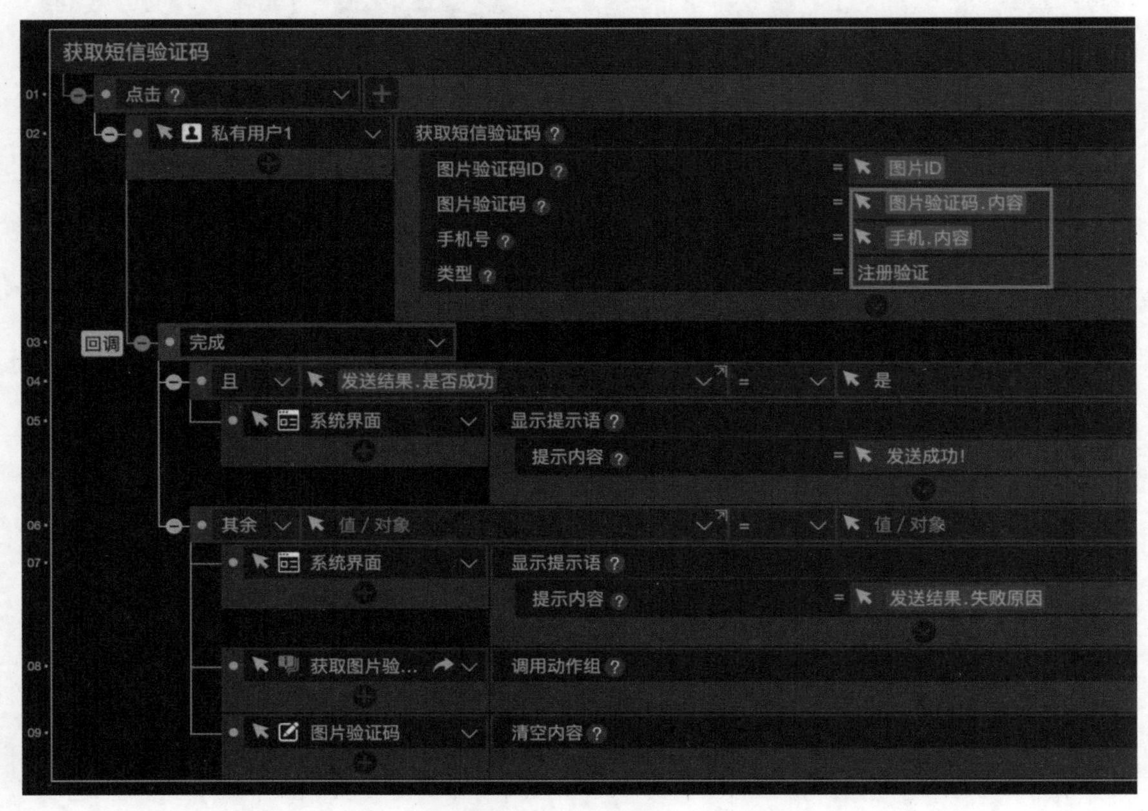

图 6-62　获取短信验证码事件

② 给“注册”按钮添加事件（见图6-63）。单击按钮时，调用私有用户数据库的“手机注册”动作，配合输入框的条件判断，减少无效信息录入。

③ 仿照步骤（2）中的⑤和⑥操作，添加验证码更新与跳转注册界面的事件。

(4) 预览，完成。

提示

注册时使用手机号码区分用户的唯一性，相同手机号码再次注册会提示“账号已存在”。

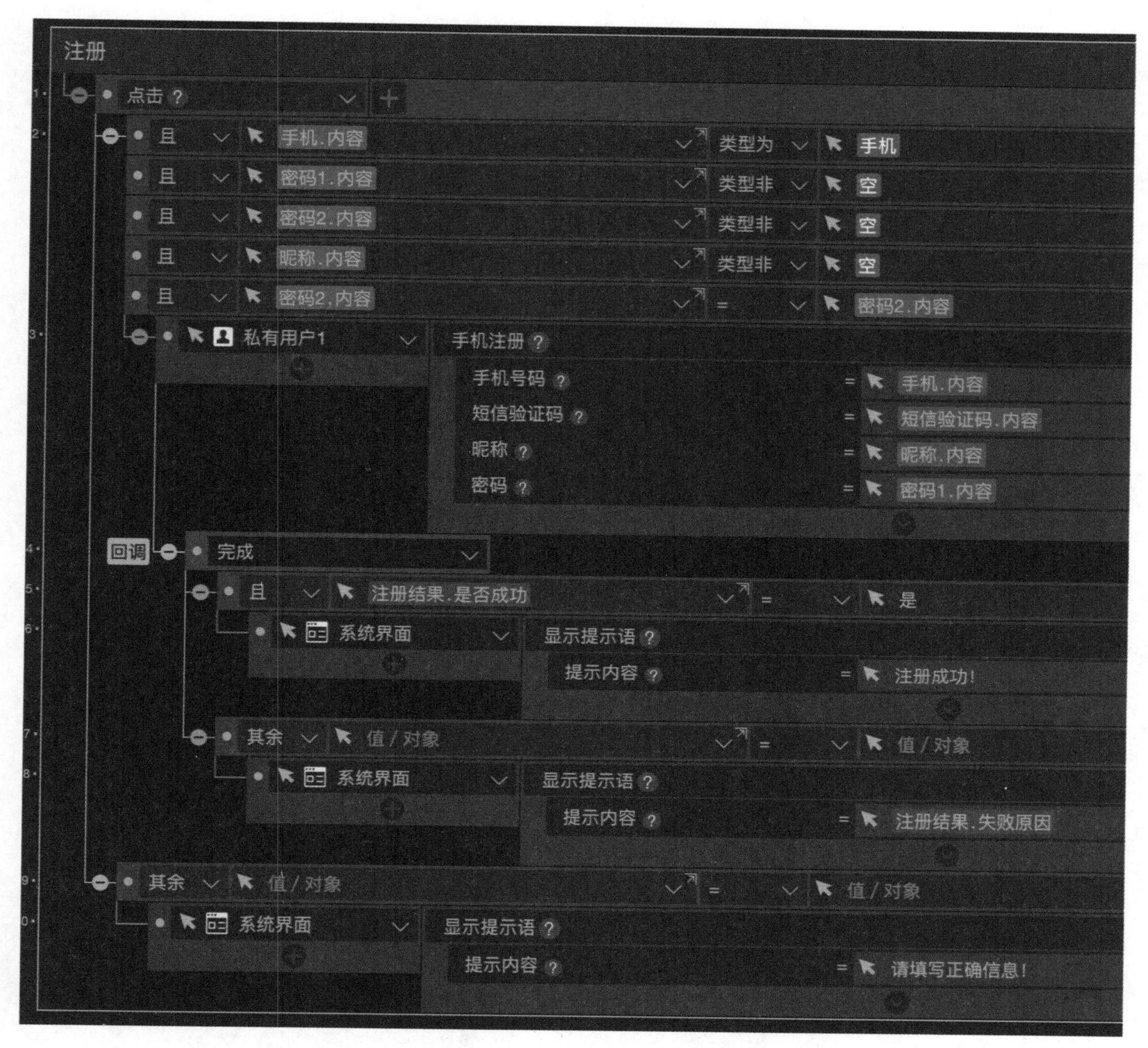

图 6-63 “注册”按钮事件

6.3 微信注册与登录

6.3.1 微信注册与登录概述

除了短信验证码登录，微信登录也是一种常用且更加便捷的身份认证方式。iVX 使用微信的 OpenID 和 UnionID 获取用户信息，每个微信号对应每个公众号只有唯一的 OpenID，而对于同一个微信开放平台下的不同应用（移动应用、网站应用和公众账号），同一用户的 UnionID 是相同的。也就是说，同一用户在访问 iVX 应用时具有相同的 OpenID 和 UnionID，但在访问 iVX 以外的应用时 OpenID 会发生变化，UnionID 不变。打个比方，

OpenID 相当于学号，在校内具有唯一性，但出了校园就失效了。UnionID 相当于身份证号码或护照号码，在校内外都可以用来识别身份。虽然 UnionID 具有更通用的识别性，但需要用户在微信公众号后台进行相关设置才能使用，因此对于一般性的用户识别，使用 OpenID 更加方便。

iVX 的私有用户数据库默认字段已经包含了“openid”和“unionid”两个字段，当前台的微信公众号工具发起登录成功后就能获取用户的基本信息，并记录在数据库相应字段中。微信登录时，除了使用后台用户数据库和前台微信公众号工具，还要对应用的接口进行配置，否则无法正常登录。

微信登录的一般步骤是用户扫码或直接在微信中打开页面，此时用户通过点击动作让前台的微信公众号工具请求获取登录授权码。如果用户是首次使用 iVX 平台，则会弹出快照页请求用户授权，用户点击右下角的“使用完整服务”按钮后弹出授权窗口，点击“允许”按钮即可获取用户的微信登录信息（见图 6-64）。

图 6-64　微信授权

6.3.2 项目实训：微信注册与登录

本项目实训如图 6-65 所示。

★项目概述：使用微信公众号组件注册和登录。对象树结构如图 6-66 所示。

图 6-65　微信注册与登录[①]

图 6-66　对象树结构

★技能要点：

（1）获取用户微信信息。

（2）配置微信公众号接口。

★开发步骤：

（1）新建应用，搭建 UI。

（2）新建后台私有用户数据库。

（3）在前台新建微信公众号（见图 6-67）。

图 6-67　新建微信公众号

（4）给“微信登录”按钮添加“点击”事件。微信公众号获取登录授权码成功后让用户数据库发起微信公众号登录，成功后分别给“昵称”和“头像”赋值，失败时提示失败原因（见图 6-68）。

提示

给图片赋值就是“设置图片资源”，成功后可以改变图片内容。

（5）配置接口。返回前台，单击上方的“配置”按钮（见图 6-69），打开配置窗口。

① 访问地址：https://file9e17b2b47d37.v4.h5sys.cn/play/3dvXedVJ?code=0013Wh000MNC1Q1wRt200LIWs813Wh0L&state=chm6rrbjq8qupi062bag。

图 6-68 微信登录事件

图 6-69 “配置”按钮

（6）在配置窗口中打开“接口配置”标签下的“微信”选项卡。打开“启用微信接口”和“开启授权”开关，“初始获取头像昵称”选择“是”，打开“仅允许在微信中打开”开关。填入合适的配置名称，最后单击“保存配置”按钮退出（见图 6-70）。

（7）扫描二维码测试。打开“仅允许在微信中打开”开关后，在计算机中预览会提示“请在微信客户端打开链接”，可以使用预览按钮右侧的生成二维码按钮，用手机微信扫描二维码测试。

（8）预览，完成。

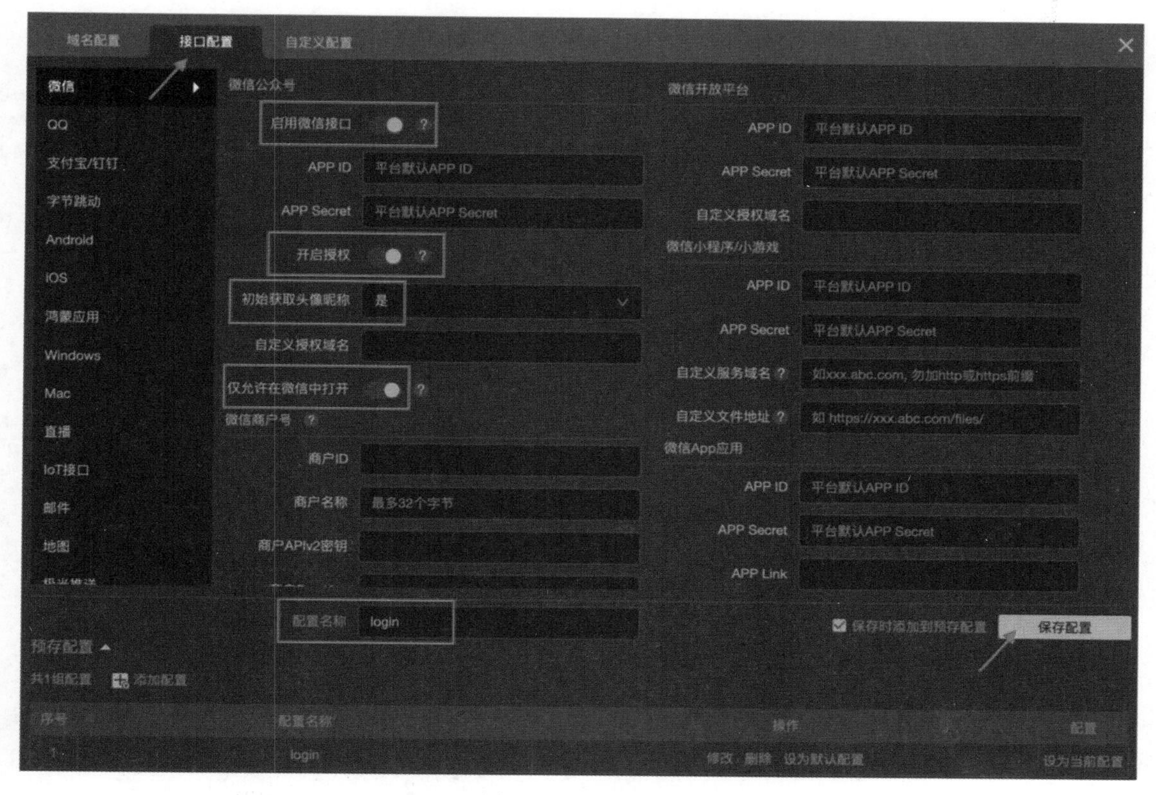

图 6-70　配置接口

6.4 拓展训练

自行设计一个成绩查询系统，要求如下。

（1）用户使用用户名和密码登录后可以查询到语文、数学、英语三门课的成绩。

（2）首次登录使用默认密码，同时提示用户更改默认密码。

（3）用户可以自行修改登录密码。

（4）用户界面应有必要的成功或失败提示。

6.5 本章小结

（1）数据库与服务是 iVX 功能最强大的组件，可以实现与数据有关的复杂应用开发。iVX 的应用采用前后端分离架构，即前端部分和后台部分的逻辑完全独立，两者通过服务组件来通信。

（2）服务是实现 iVX 前端应用与后台数据库之间数据交互的媒介。服务是后台组件，使用时需要添加在后台目录下。绝大多数情况下，服务调用都需要设置接收参数和返回参数才能完成。前后台均可对服务结果进行调用。

（3）在进行数据库录入操作前，一般都需要对用户身份的唯一性和真实性进行确认，常见的方法是要求用户通过手机短信、邮箱、微信、QQ 等已经确认真实性的账号来辅助注册或者登录，这时可使用“用户数据库”。用户数据库是一种定制好的数据库，除了具备普通数据库的功能外，还可以方便地调用注册、登录、鉴权等与用户相关的功能。

（4）回调是返回数据的重要途径。不同的动作有不同的回调状态，数据库的“输出”和“随机获取”动作都有 4 类回调状态：完成、成功（有数据）、成功（空数据）、失败。使用时需要注意区分“成功（空数据）”与“失败”的区别。

第7章 适　配

7.1 适配概述

7.1.1 适配的含义

适配是一个计算机术语，广义上的"适配"是指一个过程，在此过程中可通过调试系统适应使用者的要求以及使用环境。H5 开发中的适配主要有两种，即屏幕适配和浏览器适配。iVX 官方推荐使用 Chrome 浏览器开发和浏览应用，很多其他浏览器也都使用了 Chrome 的内核，因此浏览器适配问题相对容易解决。屏幕适配的情况比较复杂，因为用户的屏幕大小千差万别，市场上流通的移动设备拥有超过几百种分辨率，开发者要完全适配这些屏幕是不可能的。因此，屏幕适配一般选择占比最多的分辨率和重点目标设备开发即可，用户量很小的屏幕可以不做处理。在技术上目前有两种主流方法解决屏幕适配问题：一种是采用响应式布局让应用在不同设备中自动适应屏幕大小；另一种是开发多套分辨率的应用，根据用户硬件情况分别显示。第一种方法虽然有较大的灵活性，但由于仅有一套方案，难免在一些设备中无法达到理想的显示效果。第二种方法是有针对性地开发多套方案，但在开发成本和实用性方面不如第一种方法好。在实际开发过程中，往往会将两者结合使用，即对几个重点适配目标做专门的适配方案，其余情况自动适配。

7.1.2 设备像素比（DPR）

HTML 网页的外观是由层叠样式表（cascading style sheets，CSS）来实现的，CSS 代码中的像素称为虚拟像素或者逻辑像素，屏幕上的像素称为物理像素或屏幕像素。屏幕像素是屏幕的物理属性，不会发生变化，由屏幕的大小和像素密度决定。早期的屏幕像素与 CSS 代码中的逻辑像素是 1 ∶ 1 的对应关系，即代码中的 1 个像素对应屏幕上的 1 个像素。但随着屏幕物理像素的不断提高，使用原来的逻辑像素在高分辨率的屏幕上显示会导致显示的元素过小而无法看清，因此在高分辨率的屏幕中往往使用多个屏幕像素来显示 1 个 CSS 像素。这里的屏幕像素和 CSS 像素的比例称为设备像素比（device pixel ratio，DPR）：DPR= 物理像素（屏幕像素）/ 虚拟像素（CSS 像素）。DPR 描述的是未缩放状态下，屏幕像素和 CSS 像素的初始比例关系。例如，当像素比为 1 ∶ 1 时，使用 1 个屏幕像素显示 1 个 CSS 像素；当像素比为 2 ∶ 1 时，使用 4（2 × 2）个屏幕像素显示 1 个 CSS 像素；当像素比为 3 ∶ 1 时，使用 9（3 × 3）个屏幕像素显示 1 个 CSS 像素（见图 7-1）。

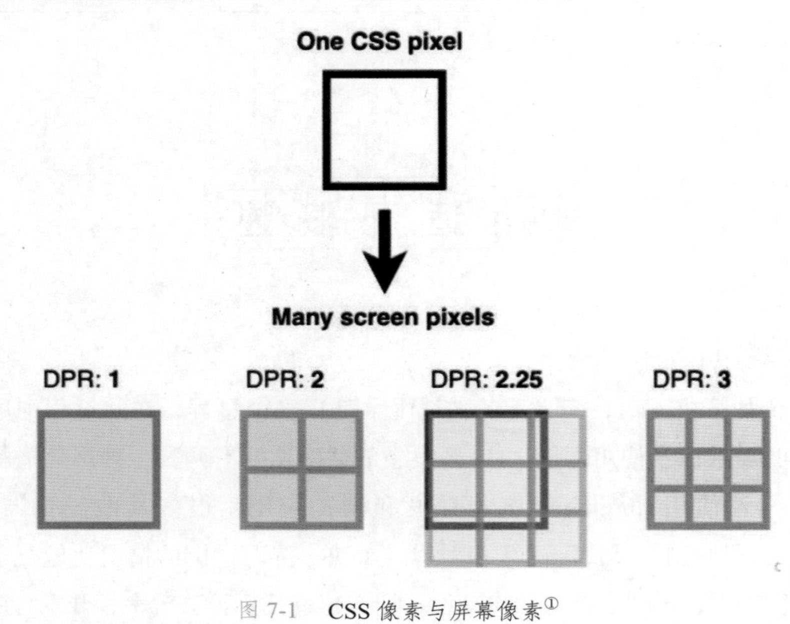

图 7-1　CSS 像素与屏幕像素[①]

7.2 iVX 中的屏幕适配

7.2.1 设备适配

所谓设备适配，是指先根据不同目标适配设备的参数设计若干套方案，然后在应用初始化时获取当前设备的窗口大小、操作系统类型、设备语言等系统变量，当获取的参数满足预先设定的条件时，则显示对应的适配方案。这种方式可以实现最好的适配效果，但由于需要准备多套方案，会增加开发成本。设备适配的案例见 7.3 节中的实例演示。

7.2.2 前台适配

默认情况下，iVX 的编辑窗口大小为 375px × 667px，页面大小会根据屏幕情况自动缩放（见图 7-2），即根据用户屏幕的物理分辨率自动调整设备像素比，对页面进行等比缩放，以页面像素比方式进行的缩放不同于在页面中对图片的一般缩放，并不会降低页面显示的精度。

当目标屏幕的长宽比与默认的编辑窗口（375px × 667px）长宽比一致时，屏幕仅需按

① 图片来源：https://blog.csdn.net/qq_38397338/article/details/125142006。

照一定的倍数放大即可，但是如果两者的长宽比不一致，就会出现适配问题。在相对定位环境中，应用默认为“自动缩放”，会根据移动端窗口缩放画面，但有可能出现画面比例失调问题。在绝对定位环境中，前台多出了一个“适配模式”选项，允许用户根据自己的需求调整适配模式。默认情况下，相对定位的前台宽和高都是100%，意味着无论浏览器窗口实际大小是多少，屏幕都是铺满状态，因此“适配模式”选项此时是无效的。如果希望使用适配模式中的“宽度适配，垂直居中”或“高度适配，水平居中”，可以手动将宽和高改为默认的375px和667px（见图7-3），前台的宽和高支持手动修改单位“px”或“%”。

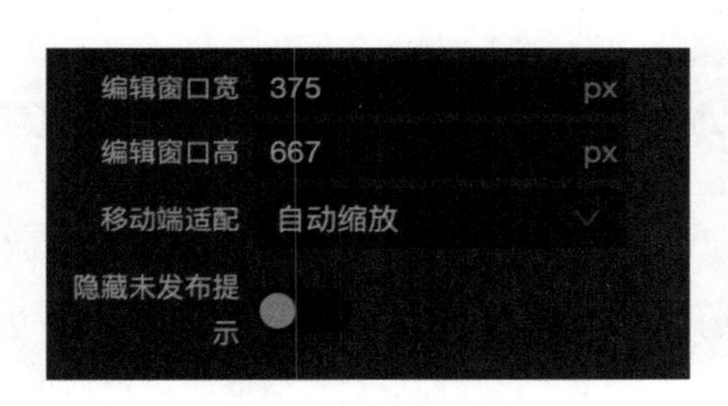

图7-2 编辑窗口大小

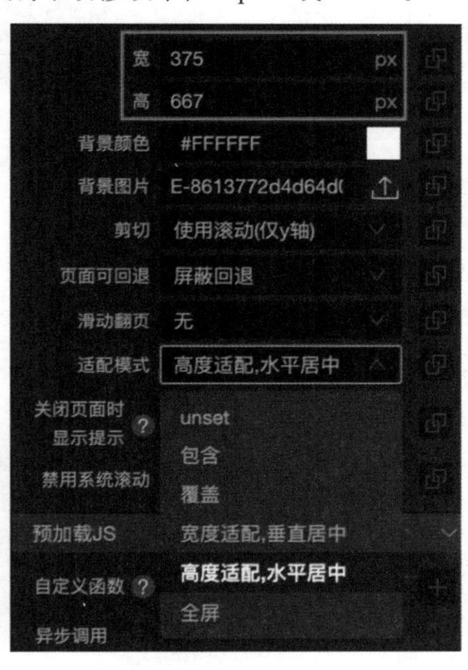

图7-3 前台的适配模式

由于苹果公司从iPhone X之后取消了Touch ID改用全面屏，屏幕高度增加而改变了长宽比，从原来的16 ∶ 9变化为19.5 ∶ 9，因此如果还要保持等比缩放，就可能导致左右显示不全或上下白边的问题。在这种情况下，要么选择“高度适配，水平居中”，舍弃画面两侧的内容；要么选择“宽度适配，垂直居中”，保留上下白边（见图7-4）。但如果画面左右两侧的内容十分重要且必须显示，此时可以将页面背景色设置为与背景图片底色相似的颜色，减少白边的突兀感。一般案例都会选择舍弃部分两侧内容的方式防止出现上下白边。

总体来说，适配的主要原则是控制主要信息只出现在一个最小手机也能完整显示的区域内，一般是375px × 590px，其余地方为背景，显示时要让主要信息居中，背景图案会根据当前设备尺寸被裁去大小不等的多余部分，但是都不会影响主要信息的显示。横版的小游戏一般是宽度铺满，高度等比例缩放；竖版的小游戏则是高度铺满，宽度等比例缩放，目的都是防止运行时屏幕边缘出现白边。

图 7-4　前台适配

7.2.3 排版容器

iVX 在新建应用时需要选择“相对定位”或“绝对定位”环境，两者的区别是相对定位以子对象在父对象中的“顶部”“居中”“底部”等相对位置来排版，当父级窗口的大小发生变化时，这些排版规则可以保证各个对象的相对位置不变，从而实现自动缩放的效果。相对定位容器的宽和高使用百分比来表示子对象占父对象的比例，并不涉及具体像素值。而绝对定位环境中所有对象的宽和高都是具体的像素值，当父级窗口大小变化时，这些子对象的大小固定不变，位置也不会发生变化。

iVX 将“相对定位”作为默认的开发环境，是因为相对定位具有自适应性，因而具有较好的设备兼容性。但是，开发时无法自由移动前台内的对象，需要一一设定对齐规则和边距，开发难度相对较高。相对定位环境适用于门户网站、小程序界面等对自适应要求较高，以图文内容为主的应用开发。对于小游戏、视频、动画为主的应用，则有可能因为窗口大小的变化造成拉伸。用户在实际开发中应该根据应用的类型和适配的目标选择开发环境。当然，也可以将两种开发环境结合起来使用，以达到适配与开发成本的平衡。例如，不论在相对定位还是绝对定位环境中，都有相对定位和绝对定位两种横幅；又如，在相对定位环境中可以嵌套绝对定位容器（见图 7-5），在绝对定位容器中的对象可以随意拖动，位置和大小固定不变，而绝对定位容器本身则遵循相对定位的排版规则。

使用横幅或者在相对定位环境中嵌套绝对定位容器的办法，可以将背景等需要缩放的内容和需要固定的内容分开处理，达到更好的适配效果。另外，不论前台、页面、横幅还是绝对定位容器，都有一个“背景图片”属性（见图 7-6），如果需要适配的背景元素只有一张图片，可以直接在此处上传图片，不论在相对定位还是绝对定位环境中，用这种方式制作的背景都会自动等比缩放，填满整个背景且不留白边，但在设备窗口高度超过原始图片高度的情况下会剪切掉左右两侧的部分内容。设备横置时，背景图片会以图片中心为基点缩放，将原图片的宽（375px）放大到手机横置时的水平长边的长度，高则等比缩放。

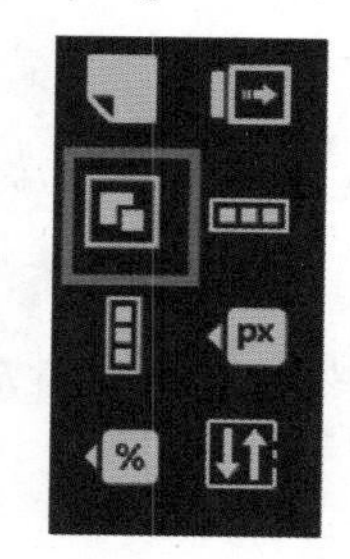

图 7-5　绝对定位容器

图 7-6　背景图片

7.2.4 横幅

目前，大部分全面屏手机取消了底部的实体按钮，采用了虚拟导航栏的形式，这类虚拟导航栏一般出现在屏幕底部，会占据一定的屏幕空间（见图 7-7 和图 7-8），如果应用底部本身也设计有导航栏等重要元素，就有可能被系统导航栏所遮挡，导致应用无法使用。因此在设计开发应用时，应充分考虑屏幕上方的状态栏和下方的导航栏所占用的空间。

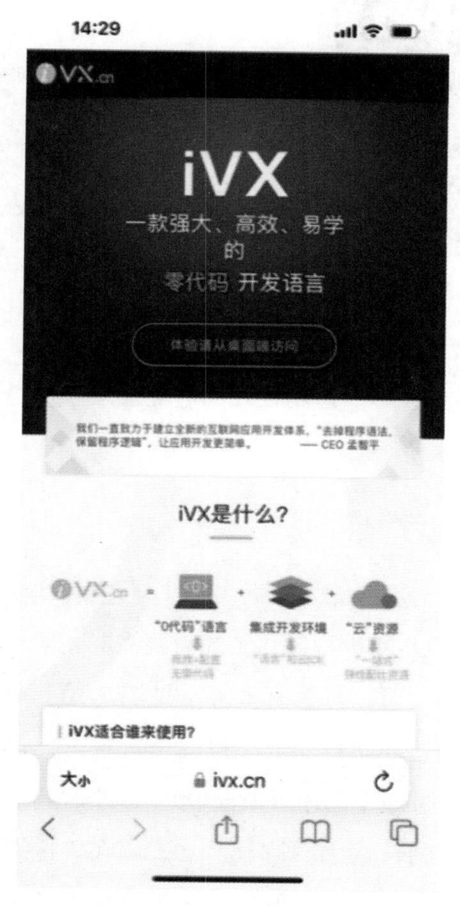

图 7-7　iPhone 13 Pro 界面（iOS 16.3）

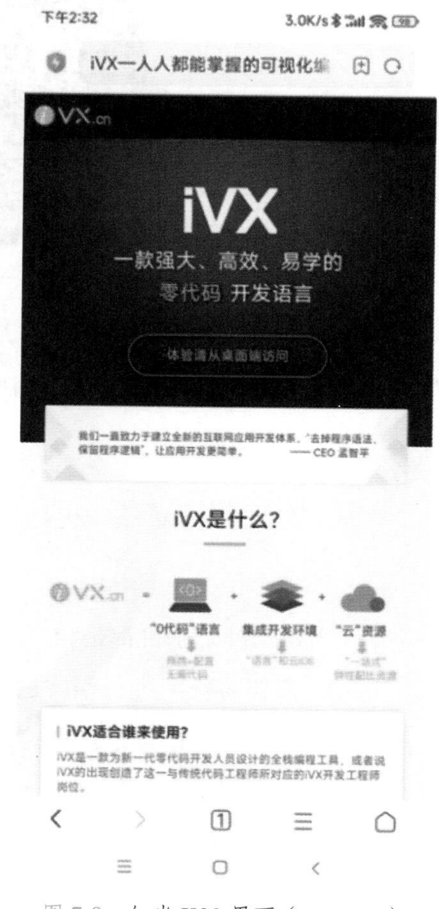

图 7-8　红米 K30 界面（MIUI 13）

除了屏幕上下预留的空间，应用中往往还有导航栏、返回按钮、图文广告等重要元素需要固定在页面上不随页面滚动，此时就需要用到一种特殊的定位工具——横幅。横幅本身是一个容器，可以将容器内所有对象按设置固定在页面的特定位置。我们通常用横幅来固定一些悬浮于页面上方的层级，如不随页面滚动移出屏幕的按钮或图文内容。横幅有“横幅（绝对定位）”与“横幅（相对定位）”两种，绝对定位的横幅内部嵌入一个绝对定位的行容器，相对定位的横幅内部嵌入一个相对定位的行容器。

横幅有一个特殊的属性——“整体布局”（见图 7-9），用来设置横幅相对于浏览器窗口的整体位置，这个位置会固定在屏幕中，不会随页面整体的滚动而改变。在 iVX 中，通常一个父对象的排版属性仅影响其子元素的排布，但横幅的“整体布局”属性很特殊，它影响自己在上级元素中的位置，也就是说，它影响自己的排版属性。在整体布局的基础上，还可以通过“水平偏移”和“垂直偏移”属性来微调横幅的位置。

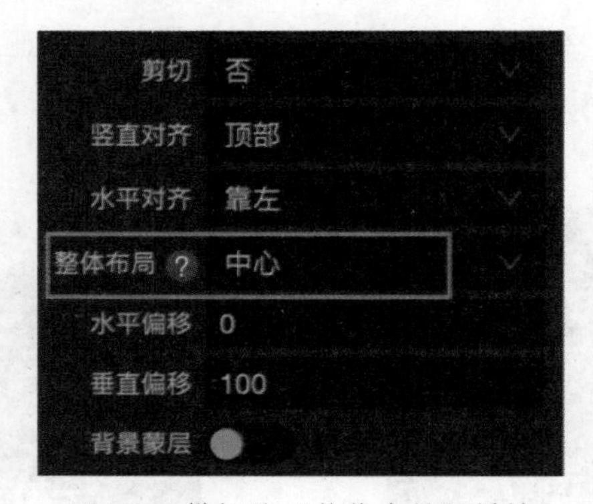

图 7-9　横幅的“整体布局”属性

横幅可以解决导航栏、中部弹窗等元素在不同高度的屏幕中的相对位置适配问题，配合前台适配方法，将核心元素放在横幅中与背景分离，可以达到较好的适配效果。

7.3 横屏适配

虽然绝大多数情况下手机都是竖屏使用的，但也有不少视频和游戏需要横屏才能获得最佳体验。此时，需要对应用进行横屏适配。横屏适配可以分为真横屏（见图 7-10）与假横屏（见图 7-11）两类。真横屏适配是指应用可以通过陀螺仪获取手机的位置状态，自动切换竖屏与横屏的显示方案。而假横屏适配只需要将页面中的内容旋转 90°，然后调节图片或视频大小，使其铺满屏幕即可。如果图片或视频的长宽比不是 16 ：9，则在等比缩放的情况下可能出现白边或者部分内容超出边框的情况，此时需要开发者根据显示内容做出取舍。另外，假横屏适配一定要提示用户锁定手机的自动旋转，否则将仅显示视频局部的放大图像，无法正常观看。在开发时间允许的情况下，应尽量使用真横屏适配以提升用户体验。

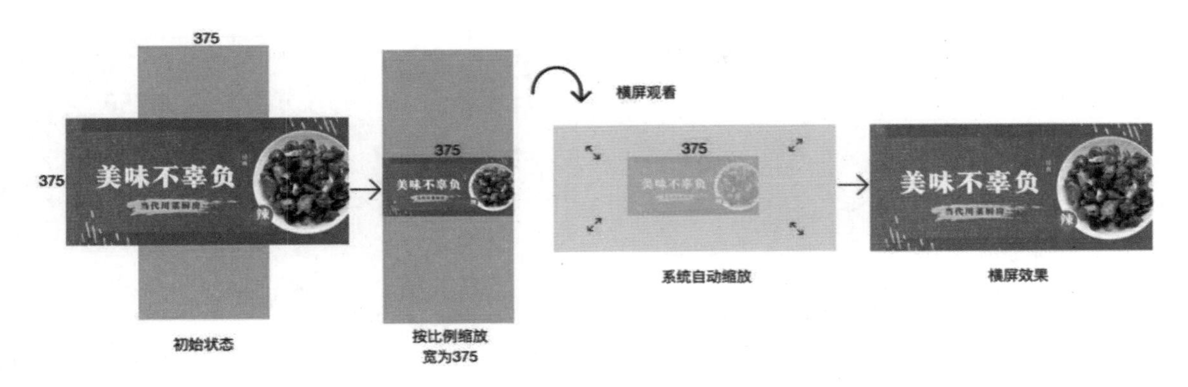

图 7-10　真横屏适配（单位：px）

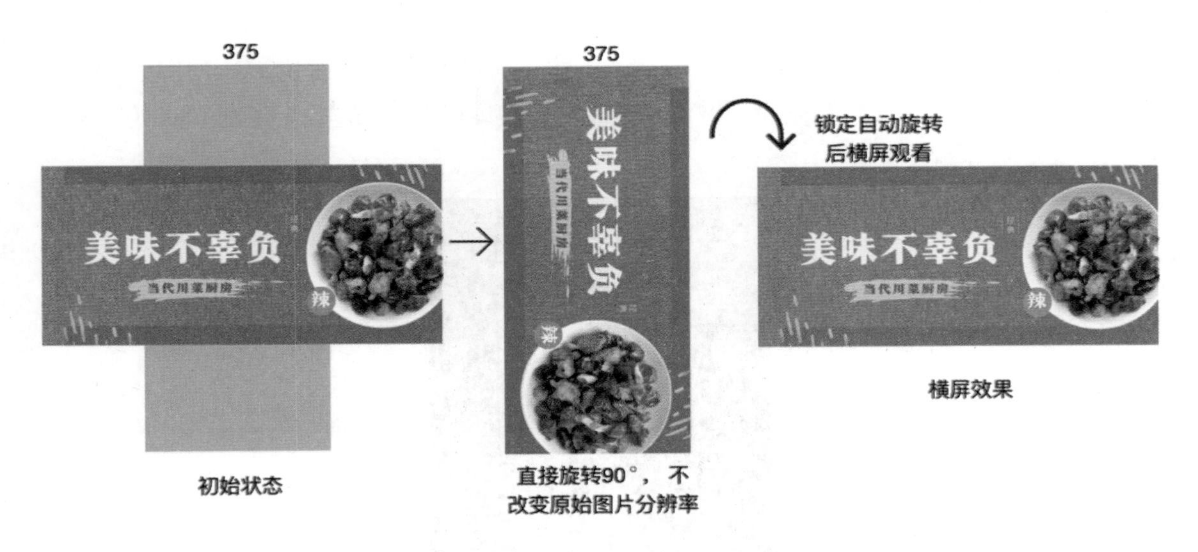

图 7-11　假横屏适配（单位：px）

以 iVX 中的默认逻辑分辨率 375px × 667px（iPhone 6）为例，真横屏适配其实就是在长宽比不变的情况下，将宽（375px）从短边变为长边的过程，在此过程中保持长宽比不变。因此，缩小后的图像高度是 375px × 9/16=211px。当用户纵向握持手机时，图像会呈现图 7-12 中间所示的效果，而当用户横向握持手机时，浏览器会自动完成缩放过程，使图像填满屏幕（见图 7-12）。

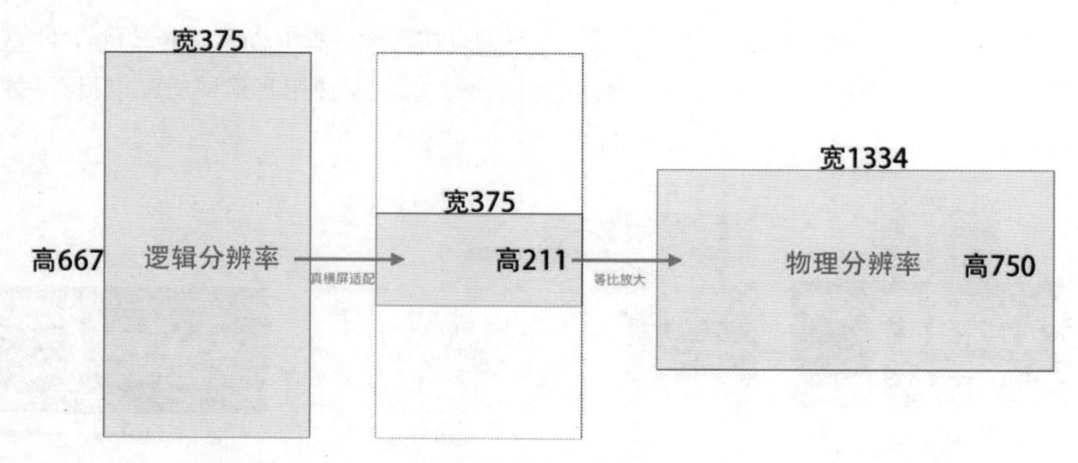

图 7-12　iPhone 6 真横屏适配（单位：px）

7.3.1 项目实训：设备适配

★项目概述：在 iVX 内置的编辑窗口分辨率（见图 7-13）中可以看到，所有手机的逻辑宽度都是 375px，只有 iPhone X 的高度最大，达到了 812px。一般来说，对于手机的适配，我们只需要制作 iPhone X 和非 iPhone X 两套适配方案即可。如果还需要适配 iPad 等平板设备，也需要另外制作方案。

图 7-13　常见手机分辨率

★技能要点：在初始化事件中获取“系统变量”中的“窗口高”，添加事件条件，分别显示不同的适配方案。

★开发步骤：

（1）在前台中新建页面，选择编辑窗口大小为“iPhone X 375*812”。前台的宽和高均为100%，页面高度为667px。

（2）在页面中新建两个对象组，设置位置X、Y均为0，宽度均为375px，高度一个是667px，一个是812px。把高度为812px的对象组命名为“iPhone X”，把高度为667px的对象组命名为“其他手机”。

（3）在两个对象组中根据不同高度分别完成设计和开发，最后将两个对象组的“可见”属性关掉，把页面、两个对象组的“剪切”属性均设置为“否”。

（4）在前台添加初始化事件，获取“系统变量”中的“窗口高”，以812px为界，当前窗口高大于或等于812px则显示iPhone X对应的对象组，小于812px则显示其他手机对应的对象组（见图7-14）。

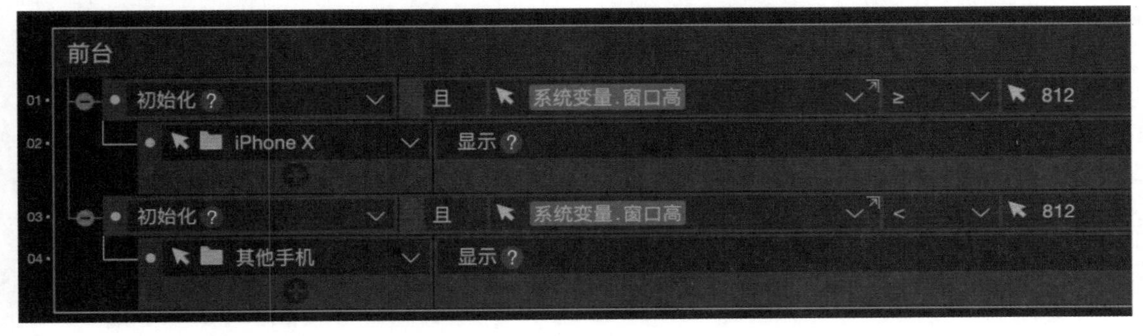

图7-14　前台初始化事件

（5）预览，完成。

提示

为避免混乱，设置时需要注意，横向（x轴方向）的边不论长短，永远叫宽；纵向（y轴方向）的边不论长短，永远叫高，这也是iVX中使用高和宽而不是长和宽来设置边长参数的原因。页面和对象组均有“剪切”属性（见图7-15），该属性决定页面和对象组内部的内容在超出边框时如何显示。“剪切”属性设置为“是”表示凡是超出边框的内容都不再显示，设置为“否”表示超出边框的内容依然显示。“使用滚动”表示内容虽然超出边框，但用户可以通过滚动条继续观看。预览时可以在Chrome浏览器中打开“视图/开发者/开发者工具”窗口，切换左侧窗口上方的设备类型并刷新网页观察应用在不同设备中的适配情况（见图7-16）。

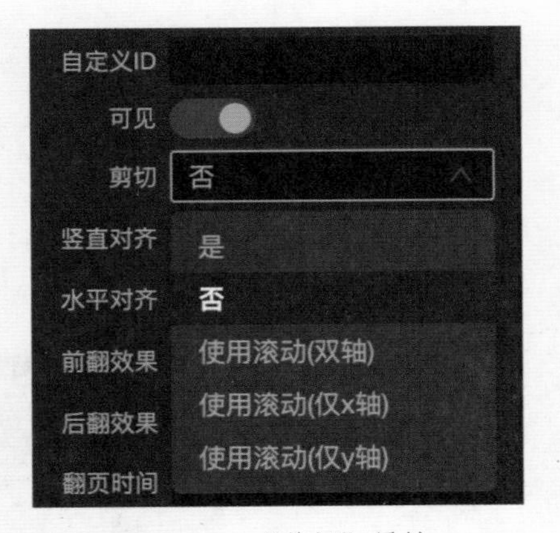

图7-15　“剪切”属性

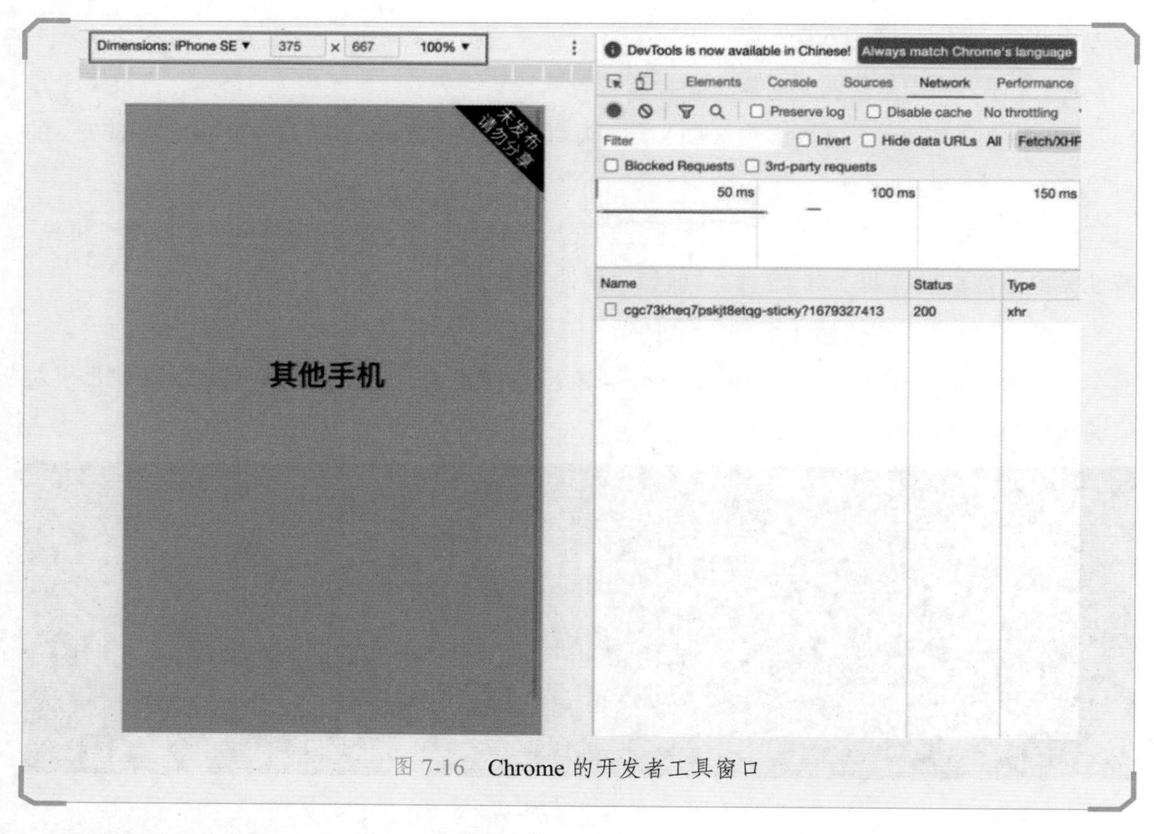

图 7-16　Chrome 的开发者工具窗口

7.3.2 项目实训：视频真横屏适配

本项目实训如图 7-17 所示。

图 7-17　视频真横屏适配①

① 访问地址：https://file9e17b2b47d37.v4.h5sys.cn/play/LrEFdaF0?code=081OYh000P0D1Q1uDO100GG9tE4OYh0Q&state=chm6s69tv4bultkqjmeg。

★项目概述：这里所说的视频适配是指横向拍摄的宽大于高的视频，这类视频直接在纵向的手机上观看时要么左右大部分画面超出边框，要么缩小后上下留有大量空白，都无法达到最佳适配状态。而用手机等设备拍摄的纵向的宽小于高的视频本身就是纵向观看的，不需要做横屏的适配。

常用视频的尺寸有 720P（1280px × 720px）和 1080P（1920px × 1080px），这两种格式的宽高比都是 16 ： 9，这与 iVX 默认的 375px × 667px 是一样的，此种情况下的适配只需考虑将视频的长边缩小至 375px，高等比缩放至 211px 即可。

由于 iPhone X 及以后机型的屏幕宽高比改为 19.5 ： 9，比标准屏幕多出 145 个像素的高度，横屏后在等比缩放的情况下，为了填满左右多出的空白，高度会超出 375px，如果屏幕的底部有重要内容（如字幕等），则有可能被裁切。

★技能要点：

（1）理解横向适配的基本原理。

（2）会使用“设备接口”进行横向和纵向的适配。

（3）可以根据不同的适配目标调整适配方案。

方案一：全屏适配，横屏不留白边，但视频上下有裁切。

★开发步骤：

（1）新建相对定位环境应用，新建页面，调整页面“竖直对齐”和“水平对齐”均为“居中”。

（2）将需要适配的视频（此处以图片替代）导入页面，调整视频的宽 × 高为 375px × 211px。

（3）预览，完成。

方案二：保留全部视频内容无裁切，横屏左右有白边。

★开发步骤：

（1）新建相对定位环境应用，新建页面，调整页面“竖直对齐”和“水平对齐”均为“居中”。

（2）将需要适配的视频（此处以图片替代）导入页面，调整视频的宽 × 高为 375px × 211px。

（3）在前台中添加“设备接口”。当窗口高度小于或等于 173px 时，采用 19.5 ： 9 的方案，设置视频的分辨率为 308px × 173px；当窗口高度大于 173px 时，采用 16 ： 9 的方案，设置视频的分辨率为 375px × 211px。设备竖置时要恢复 375px × 211px 的分辨率（见图 7-18）。

图 7-18　设备接口事件

（4）预览，完成。

提示

在做横屏适配前，首先要明确目标设备窗口在竖屏和横屏状态下的宽和高分别是多少，可以在页面中添加设备接口（见图 7-19），设备接口可以实时检测“设备旋转角度变化”“设备晃动”“设备横置”“设备竖置”4 种状态（见图 7-20）。在页面中添加两个计数器，分别命名为“宽”和“高”，给前台添加初始化事件，给两个计数器分别赋值为“系统变量.窗口高”和“系统变量.窗口宽”（见图 7-21）。然后给设备接口设置“设备竖置”和“设备横置”事件，分别给“宽”和“高”两个计数器赋值，即可获取当前设备窗口的大小（见图 7-22）。

图 7-19　设备接口

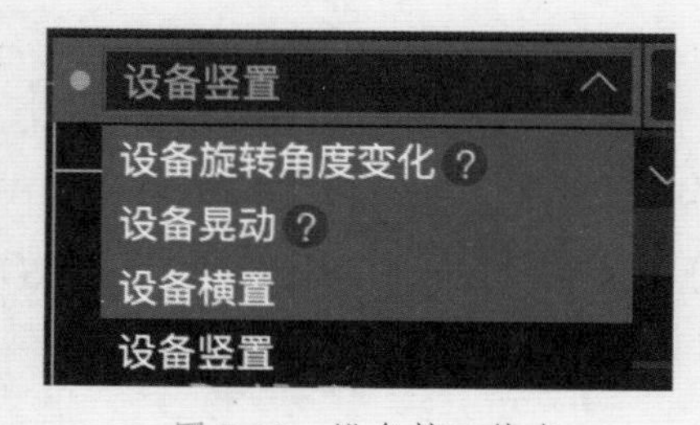

图 7-20　设备接口状态

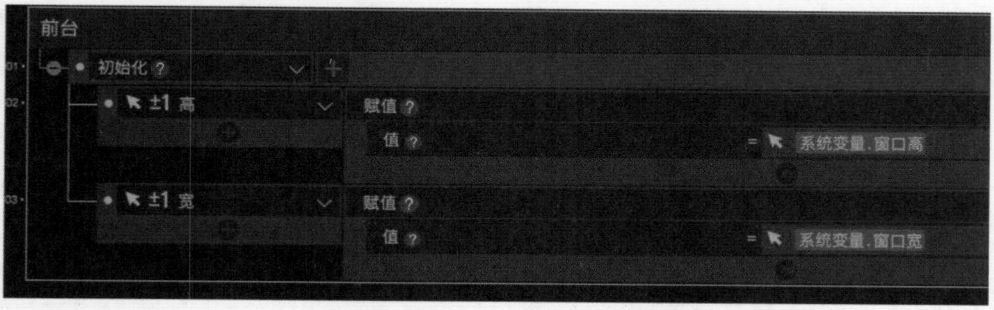

图 7-21　初始化事件

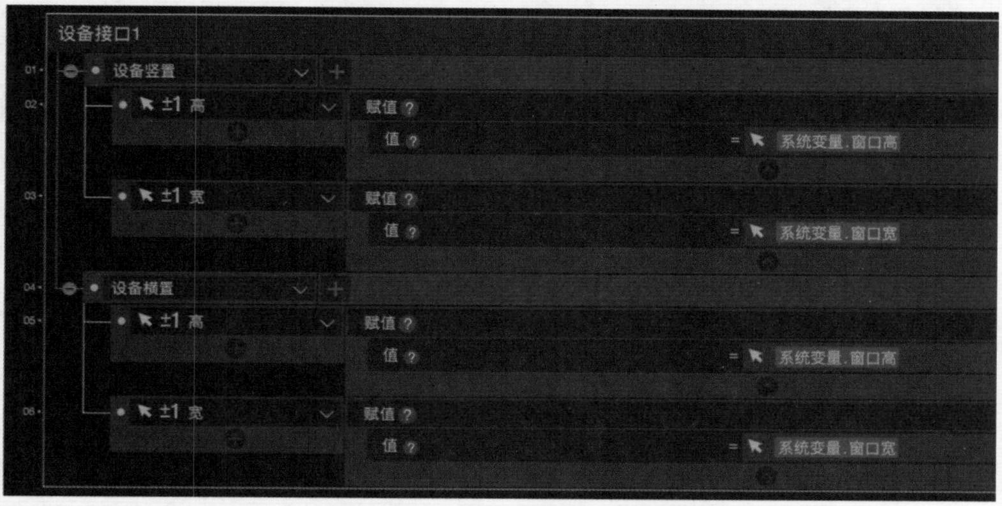

图 7-22　设备接口事件

对于没有字幕和有字幕但字幕在安全框以内的视频，可以采用方案一，视觉效果最好，并且步骤也较为简单，这一方案在宽高比为 16 ：9 的设备中横屏正好铺满屏幕，达到最佳观看效果，在宽高比为 19.5 ：9 的设备中左右铺满，上下有裁切；对于有字幕但字幕超出安全框的视频，可以采用方案二，牺牲部分观看效果以保证字幕的完整性，这一方案在宽高比为 16 ：9 的设备中依然可达到最佳观看效果，在宽高比为 19.5 ：9 的设备中上下铺满，左右留有白边。

微信内置浏览器窗口分辨率与 iVX 默认分辨率以及手机内置浏览器默认的窗口分辨率大小都有所不同，如果希望针对微信浏览器的窗口大小做适配，可以按照上面提示的方法先获取窗口的宽和高。以 iPhone 13 Pro 为例，打开微信通过扫描二维码浏览案例时会使用微信内置浏览器而不是系统默认的 Safari 浏览器，由于存在系统状态栏和浏览器标签，在竖屏状态下窗口的实际高度并不是 812px 而是 724px，横屏的高度是 159px，宽度都是 375px（见图 7-23）。我们可以根据以上数值进行微信浏览器的横屏适配。

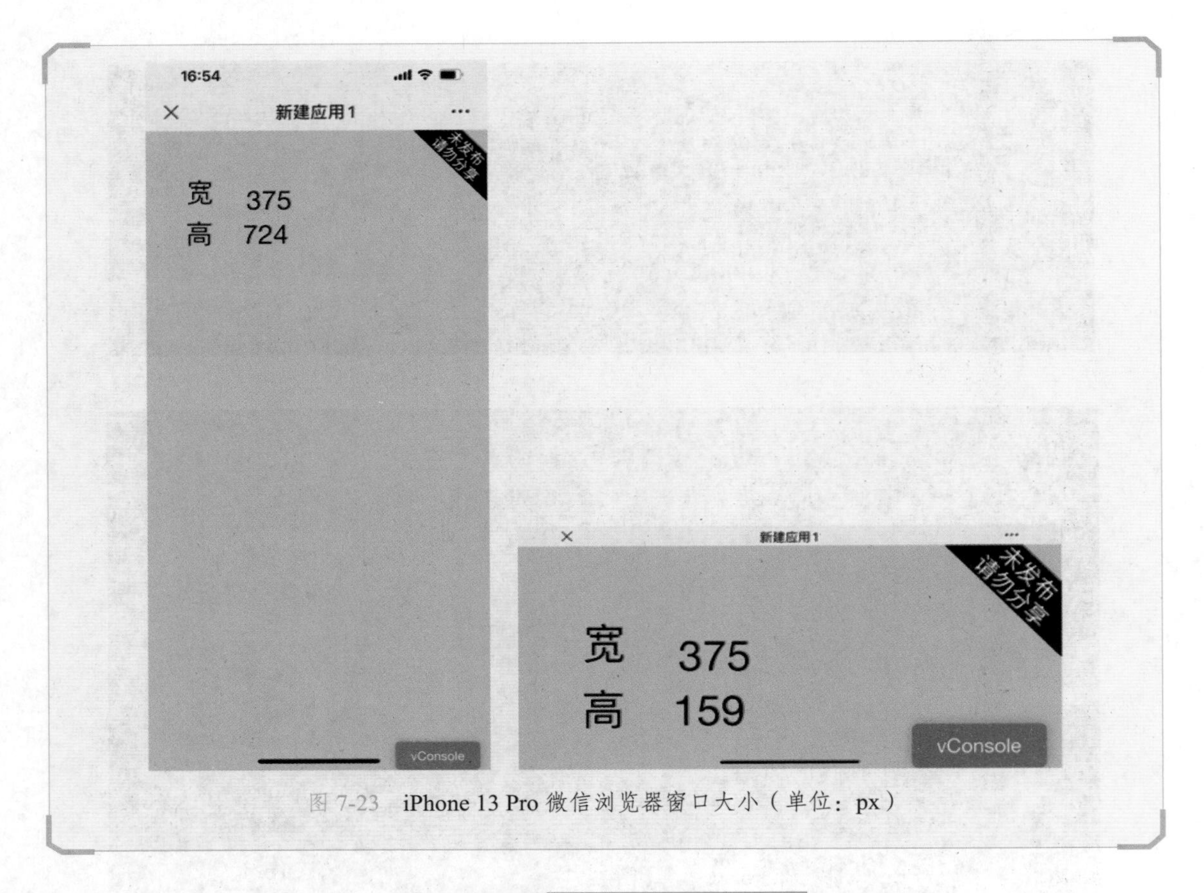

图 7-23 iPhone 13 Pro 微信浏览器窗口大小（单位：px）

7.4 拓展训练

在往年的“大广赛”获奖作品中寻找有适配问题的作品，分析原因，并尝试解决适配问题。

7.5 本章小结

（1）由于不同型号移动设备的逻辑像素宽都是 375px，因此适配的主要任务就是解决高度的匹配问题。

（2）适配是开发工作量与用户体验的平衡，适配并不能解决所有显示问题。适配的目的是让应用在绝大多数设备上最大限度地显示正常，100% 适配所有设备或还原设计原状是无法办到且没有必要的。

（3）背景图片适配最简单的方式就是在前台、页面或容器的属性中使用“背景图片”功能上传图片。

（4）视频的横向适配需要根据是否保留视频的全部内容来决定，要特别注意根据字幕的显示效果来判断是否裁切视频。

第 8 章

H5 创意设计

iVX 功能十分强大，既能制作相对简单的 H5 交互作品，又能开发中大型规模的复杂应用。本章结合“大广赛”近年的互动类获奖作品，介绍 H5 互动作品的创作要点及参赛注意事项。

8.1 H5 作品的分类

从功能上来看，H5 应用大致可分为展示型和操作型两大类（见图 8-1）：展示型应用的交互性一般较弱，主要目的是通过吸引人的画面和交互传达页面信息，在产品广告和网络营销中大量使用；操作型应用注重功能性，主要目的往往是解决某个实际问题，如小游戏、调查问卷、各类小程序等。在实际应用中，大部分 H5 同时具备了展示和操作的功能。

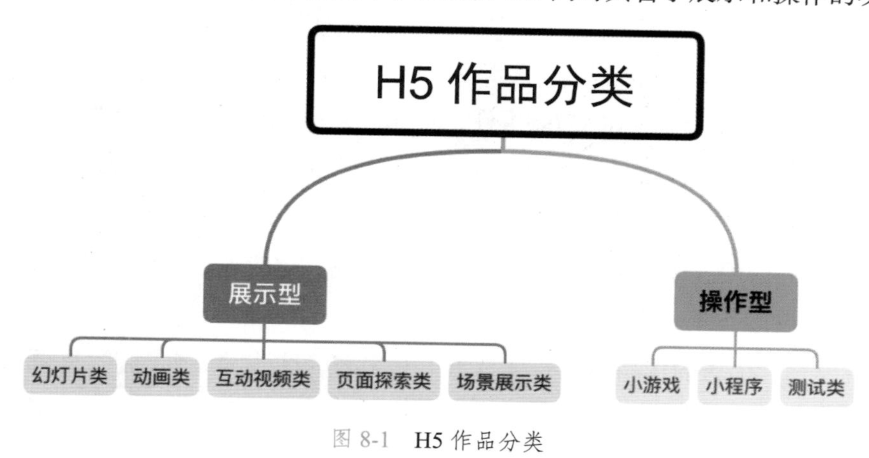

图 8-1 H5 作品分类

8.2 H5 作品的设计原则

8.2.1 交互作品量表

H5 作品具有较强的综合性，是一种以技术为基础的创意表达，优秀的 H5 设计作品应该具有创新创意、统一风格、注重氛围、强调真实的用户体验。我们可以从策划创意、技术能力、视觉表现、阅读体验、交互程度 5 个方面对 H5 作品进行综合评价（见图 8-2）。

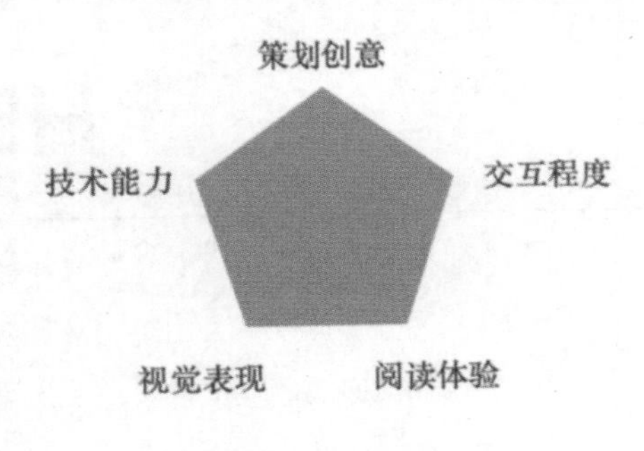

图 8-2　交互作品量表

8.2.2 H5 作品创作的一般性原则

优秀的 H5 作品应该具备以下特点。

（1）一致性：H5 作品一般有多个页面，为了保证用户体验的流畅统一，在设计页面时，要注意在页面的版式、字体、色调、动效、图片风格、表述方式、交互方式等方面做到一致。

（2）简洁性：H5 作品一般在移动端展示，与计算机相比移动设备屏幕较小，单独的页面不适宜展示过多内容，特别要避免在一个页面内放置大段文字。注重页面的简洁性，删除繁复冗余的装饰元素，有助于突出重点、增强视觉冲击力和内容的易读性。

（3）条理性：在多页面的设计中，要分清主次，从简单到复杂循序渐进，做到一个页面只展示一个重要信息，增强可读性。需要来回跳转页面时，尤其要注意页面之间的逻辑关系，充分考虑不同交互方式触发的后续事件。例如，登录页面要设计注册按钮，方便新用户注册，而注册页面要有返回登录页面的按钮，方便用户注册后返回登录页面。

（4）可视性：图像比文字更加生动有趣，H5 的创作要充分发挥图像、动效、动画、视频等视觉元素的作用。即便是以文字表达为主的作品，也应通过字体、色彩、大小、动效设计等方式做可视化处理。

（5）情感性：优秀的作品不但要在技术上有突破、在艺术上有创新，更重要的是要引发用户的情感共鸣。创作者应该敏锐地洞察生活，从身边小事和热点事件中提炼、创作、升华作品的主题，直击用户内心深处的动情点。

8.3 H5 作品的设计流程

H5 作品的设计首先要明确设计目标，根据客户需求选择偏重信息传达的展示型 H5 或者侧重解决应用性问题的操作型 H5。然后，根据设计目标进行内容策划，包括图文内容、交互方式和视觉风格的策划。完成策划后进入页面设计阶段，包括素材准备和页面设计工作。页面设计完成后进行交互设计，最后测试与发布作品。在整个设计过程中，版面设计和交互设计是工作的核心。

8.3.1 版面设计

H5作品的版面设计应该遵循主题明确、主次分明、元素均衡、交互合理有趣、页面长度适中的原则。版面设计要为内容表达服务，设计者应该根据创作主题选择合适的版面类型。常见的H5版面类型有直线形、斜线形、三角形、圆形、流线形等。

（1）直线形（见图8-3）： 直线形是最常见的版式，可以是横向的直线形版面，也可以是纵向的直线形版面。直线形版面给人严肃、沉稳的感觉，但也可能因为横平竖直的排列而产生呆板感，因此需要一些点缀和分割来丰富画面表达。

（2）斜线形（见图8-4）： 斜线形版面可以充分利用对角线的长度，产生丰富、灵动的视觉效果，我们也可以利用倾斜线条的指向来引导用户的视线，突出重点或者产生不稳定的动态倾向。

图8-3 《熬夜研究所》（作者：张静怡）

注：2021年第13届“大广赛”互动类一等奖①。

图8-4 《Kim之歌》（作者：丁昱哲、谢倩文、陈双双）

注：2019年第11届“大广赛”互动类二等奖②。

（3）三角形（见图8-5）： 三角形具有结构上的稳定性，同时又富于变化。将文字和图片排列为正三角或者倒三角，可以在均衡画面的同时突出重点。

（4）圆形（见图8-6）： 由于手机屏幕页面本身为矩形，圆形版式的使用可以产生别致优美的效果，同时可以将视觉中心聚焦到圆形中。

① 访问地址：https://fileba1cfc3f55e7.vrh5.cn/v3/idea/4Y6FGBKm。

② 访问地址：https://filea72003b05de8.iamh5.cn/v3/idea/XTZhZ4Vu?wxid=oZwt-wGMwH3qxxd7DoE0Qk_F6j9A&latestUser=1。

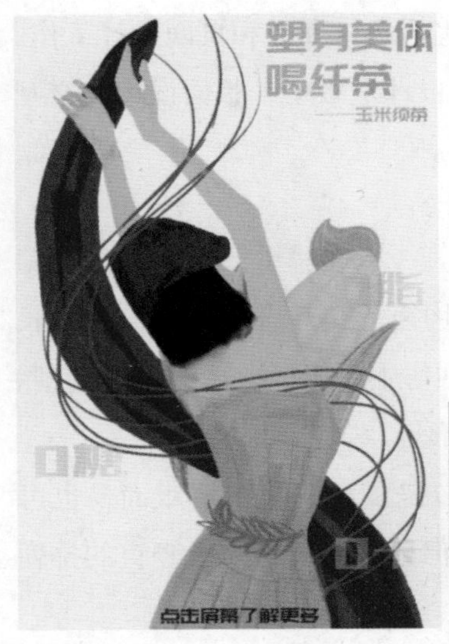

图 8-5 《莎莎的美丽秘诀》
（作者：杨羽清、杨旭蕾）

注：2022 年第 14 届“大广赛”互动类二等奖[①]。

图 8-6 《纳爱斯口腔净化工厂》
（作者：钟文轩、焦迈）

注：2022 年第 14 届“大广赛”互动类三等奖[②]。

（5）流线形（见图 8-7）： 流线形是指根据用户从上而下、从左至右的阅读顺序依次排列页面元素，往往形成“S”形或反“S”形的布局。流线形符合用户的阅读习惯，可以给用户带来舒适的阅读体验。

图 8-7 《百年润发·探索东方秀发》（作者：罗紫高、陈劲珅、叶子）

注：2021 年第 13 届“大广赛”互动类二等奖[③]。

① 访问地址：https://c.xiumi.us/stage/v5/5UgnF/377872077#/。
② 访问地址：https://6.u.h5mc.com/c/cgvx/l1du/index.html。
③ 访问地址：https://file052c6ac52c8f.v4.h5sys.cn/play/Lq71TzRQ?code=001i831w3ISyF03LC21w3QPpts0i831i&state=chm6t19tv4bultkqjte0。

除了对页面版式的设计，还应该对页面中的图片、文字、动画、视频、音效等组成元素进行设计。大多数 H5 开发工具只注重交互功能的开发，素材设计工作一般需要在其他软件中提前完成。将准备好的素材导入 H5 制作平台或软件后，还需要进行动效设计，包括页面之间的翻页动效、页面内部各视觉元素的动效和音效。

8.3.2 交互设计

对于H5作品来说,交互设计无疑是最重要的工作之一。iVX提供了强大的交互设计工具,可以为作品带来丰富有趣的交互体验。

（1）交互视频（见图 8-8）： 交互视频不同于一般的短视频，通过在视频中添加单击、拖曳、滑动等交互方式为情节推进提供不同选项，用户选择后播放不同的视频，从而触发不同的后续事件。交互视频多用于叙事性较强的作品，可以增强用户对视频的参与度。

图 8-8 《曹冲的现代之旅》（作者：龙峰、丁咛、张阳九）

注：2018 年第 10 届“大广赛”互动类二等奖[①]。

（2）快闪影片（见图 8-9）： 快闪影片使用动感的音乐和快速变换的镜头，可以在短时间内展示大量信息。在影片播放过程中不宜添加过多的交互环节，这样会破坏整体的节奏，但可以在开始或者结束后适当增加一些交互。快闪影片要把握好节奏，处理好快与慢、动与静的关系，特别是音乐与画面的配合至关重要。由于镜头切换较快，每个镜头的内容要简明扼要，保证信息传达的有效性。

① 访问地址：https://file7ab0d8f57e94.h5sys.cn/idea/FqqLbHnp。

图 8-9　苹果 2018 秋季发布会快闪广告①

（3）一镜到底（见图 8-10）：一镜到底是一个影视用语，是指电影拍摄中在没有停机的情况下，运用一定技巧将作品一次性拍摄完成。在交互作品中，一镜到底可以在一个页面中实现更多内容的连续展示。由于是在虚拟场景中运镜，交互作品中的一镜到底可以实现比实拍更加极致的流畅效果。

（4）画中画（见图 8-11）：画中画是一种特殊形态的一镜到底，它巧妙地利用两个画面之间的相似点制作缩放动画，产生接连不断的新奇效果。画中画设计的关键是前后画面的衔接是否合理、流畅。

图 8-10　《美丽女孩的“寻秘之旅”》
（作者：李娴、曾超禹）

注：2020 年第 12 届“大广赛”互动类一等奖②。

图 8-11　《一张通往未来的车票》
（作者：王娜、刘晨旭）

注：2021 年第 13 届“大广赛”互动类三等奖③。

① 访问地址：https://b23.tv/tEO8K0G。

② 访问地址：https://5313589.s.wcd.im/index.jsp?id=5251lZ41&code=001Zf31w33QAF03eCf1w3BNpvG1Zf314&state=STATE&appid=wx50775cad5d08d7ad。

③ 访问地址：https://14104659.fkwcd.cn/index.jsp?id=dee2jZ35&qr=&code=091S3e0w3Dc0CW2a9i0w3zWxlK2S3e0G&state=STATE&appid=wx50775cad5d08d7ad。

（5）全景与3D世界（见图8-12）： 全景可分为360°全景和720°全景，前者可实现视点的前、后、左、右转动，后者可以实现上、下、前、后、左、右自由转动。720°全景可以实现更为真实的效果，但是需要特殊的鱼眼图片素材才能实现（参考第4章全景与3D世界）。全景本质上是一种特殊的3D世界的应用，利用3D世界可以制作出更为复杂的全景互动作品。3D世界可以用来展现3D模型，制作3D动画、3D游戏，以及以更流畅的效果来实现全景、一镜到底等之前使用全景组件来实现的效果。

（6）滑动时间轴： 滑动时间轴是一种特殊的时间轴动画，用户可以通过手指的滑动来控制动画的正反向播放和暂停。根据手指滑动的方向可以分为横轴滑动和纵轴滑动两种形式。例如，百雀羚H5广告充分利用了长图的纵向空间，营造出具有电影叙事感的氛围（见图8-13）；而第13届“大广赛”的获奖作品《民生百年：一卷绘今昔》则采用了横轴的方式，展现了我国人民在中国共产党的领导下民生跃变的百年历史（见图8-14）。

图8-12　《娃哈哈之“苏适”秘籍》（作者：朱春帆）

注：2021年第13届“大广赛”互动类一等奖[①]。

图8-13　百雀羚H5广告[②]

图8-14　《民生百年：一卷绘今昔》（作者：金潇、胡杨、朱亮）

注：2021年第13届“大广赛”互动类二等奖[③]。

① 访问地址：https://filefe9020b21396.vrh5.cn/v3/idea/68WRWk4a。
② 图片来源：https://zhuanlan.zhihu.com/p/31455215。
③ 访问地址：https://filef6bdfa2b7a4b.vrh5.cn/v3/idea/x1FFah5T。

（7）物理引擎：物理引擎使用即时运算（而不是预设动画）的方式来模拟真实世界的物理环境，在物理世界中可以为对象引入重力、弹力、摩擦力等力学属性。物理世界常用于制作一些 2.5D 小游戏，如弹球、投篮等，或在普通案例中加入有趣的物理世界元素，如金币滚动、爱心掉落等效果。

（8）重力感应："重力感应"功能通过获取手机硬件陀螺仪的相关数据实现交互，是一种手机独有的交互方式，可以给用户带来新奇的交互体验，但是也会受到硬件和软件权限的限制，部分手机系统可能会禁止应用获取陀螺仪的数据，而计算机端一般也不会配备陀螺仪。天猫 6·18 购物节广告《地球上的另一个你》（见图 8-15）采用重力感应加视频的方式，向上倾斜手机模拟抬头"看理想"的画面，向下倾斜手机模拟低头"看现实"的画面，利用重力感应巧妙地传达了"在生活中不停地转转转，一个人的时候更要对自己好一点，快来 6·18 天猫理想生活狂欢节，上天猫转一转"的广告主题。

（9）粒子效果：粒子效果是计算机图形学中模拟特定现象的技术，可以实现一些真实自然而又带有随机性的特效（如爆炸、烟花、水流等），这些动效往往难以用简单的时间序列帧来模拟。iVX 中的粒子效果是画布中的一个组件（见图 8-16），自带丰富的预设效果和参数调节选项（见图 8-17），可以实现尘埃、雪花、大雨、喷泉、爆炸等多种粒子效果。

图 8-15 《地球上的另一个你》[①]

图 8-16 粒子组件

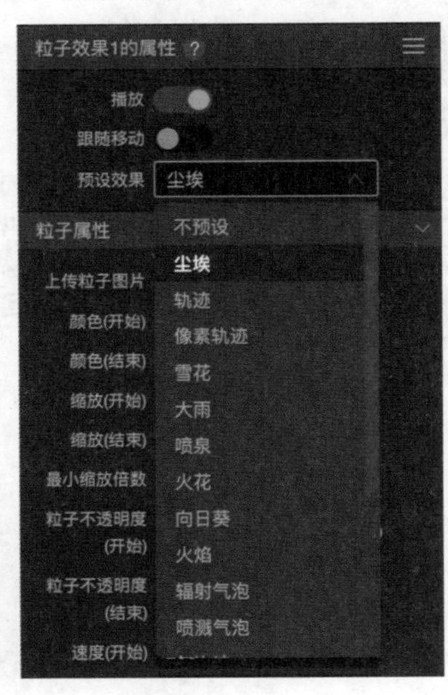

图 8-17 粒子预设效果

（10）画图：画图是画布下的一个组件，添加后用户可以在指定范围内用手指或鼠标绘制线条。配合对画笔大小、形状、色彩等属性的调节，可以实现丰富的绘画效果。绘画完成后，一般还要配合"打印画布"的动作保存画作，以方便分享或展示（见图 8-18）。

① 图片来源：https://www.uisdc.com/h5-play-way。

（11）连接：连接组件可以在多个设备之间实现信息传递，用于制作即时数据共享、多人互动游戏和多屏互动等（见图 8-19）。常见的使用场景有电商砍价游戏、实时弹幕、聊天室等。

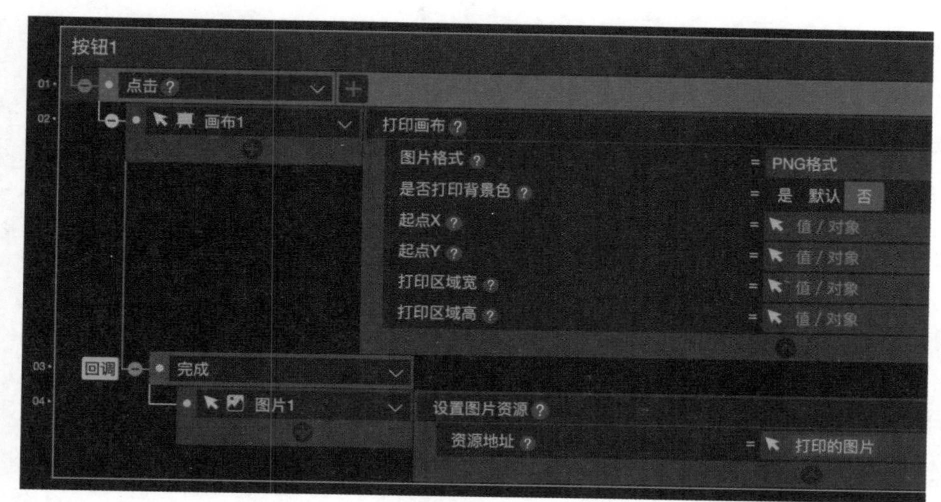

图 8-18 打印画布

图 8-19 企业连接

8.4 H5 设计常用工具软件

8.4.1 设计工具

1. Photoshop（PS）

Photoshop 是 Adobe 公司开发的一款专业图像处理软件，它被广泛应用于图像处理、图像编辑、图像制作、图像合成等领域，是目前最流行的图像处理软件之一。随着版本的不断更新，Photoshop 已经从简单的平面设计和图像处理软件演进为如今集平面、视频、音频、3D 于一体的强大设计工具，是专业设计师不可或缺的一款工具。在 H5 设计中，Photoshop 可用于图标、图像甚至音视频的处理。

2. Illustrator（AI）

Illustrator 是 Adobe 公司开发的一款专业的矢量图形处理软件，广泛应用于广告设计、商标设计、网页设计、插图设计等领域，它可以用来创建、修改和编辑矢量图形，如图标、标志、海报、插图、包装设计等。在 H5 设计中，Illustrator 可以方便地设计和处理按钮、图标等矢量素材。

3. After Effects（AE）

After Effects 是 Adobe 公司开发的一款专业动画合成软件，主要用于制作各种类型的动画效果、视频特效等。After Effects 被广泛应用于影视制作、广告制作、动画制作、Web 设计等领域。在 H5 制作中，After Effects 可以用来制作动效、添加视频特效、处理视频和动画等。

4. Audition（AU）

Audition 是 Adobe 公司开发的一款专业音频编辑软件，主要用于音频录制、编辑、混音、修复和处理等领域。Audition 拥有多种音频处理工具和效果库，可以对音频进行剪切、混音、均衡、降噪、去回声、压缩等处理。在 H5 设计中，Audition 可用于处理各类音频素材。

5. 即时设计（https://js.design）

即时设计是一款国产的可云端编辑的专业级 UI 设计工具，为中国设计师量身打造，号称 Windows 也能使用的“协作版 Sketch”、中国版的 Figma。

8.4.2 H5 制作工具

1. 易企秀（https://www.eqxiu.com）

易企秀是中国 100 强网站，主打一体化创意设计营销平台、H5 设计软件 / 平台，涵盖 H5、海报、表单、互动、视频等创意设计工具。

2. MAKA（https://www.maka.im）

MAKA（码卡）是国内领先的设计工具和营销平台，是专业的 H5 定制平台、H5 开发软件。平台现拥有海量精美模板，可一键生成 H5 作品，覆盖门店经营、商家促销、招生培训、人力行政等多种营销场景。

3. 人人秀（https://rrx.cn）

人人秀提供 H5 一站式宣传营销服务，支持多页宣传展示，包含图片、文字、视频、声音、跳转小程序、活动等，支持长页面展示；可添加快闪、一镜到底、视频来电等 50 种趣味特效；还具备红包、答题、投票、抽奖等超过 200 种活动玩法。

4. 意派 Epub360（https://www.epub360.com）

意派 Epub360 作为一款专业级 H5 交互制作工具，除了具有丰富的动画设定、触发器设定功能，还研发了众多强大的交互组件，满足用户动画、交互、互动、数据 4 个层级的需求。

5. 木疙瘩（https://www.mugeda.com）

木疙瘩是专业的融媒内容制作与管理平台，可一站式生产 H5 交互动画内容、App 图文、微信图文、网页专题，可对全场景图片、视频、图表素材进行灵活处理，并能对内容进行传播分析及浏览行为分析，支持本地化部署，一站式满足内容生产者的需求。由木疙瘩工具编辑生产的内容连续几年获奖，共获得几十项中国新闻奖。

6. iH5（https://www.ih5.cn）与 iVX（https://www.ivx.cn）

iH5 与 iVX 都是深圳市世云新媒体有限公司开发的专业可视化代码在线开发平台，iH5

侧重 H5 开发设计，iVX 是 iH5 的升级版本，除了拥有 iH5 的所有功能，还有物理引擎、数据库、直播流、WebApp、多屏互动等模块，可以实现全场景全应用支持，可开发各类应用、小程序、App 等。由于 iVX 的功能非常强大，上手有一定难度。但是一旦入门，你会发现它几乎可以实现任何创意的 H5 设计与制作。

8.4.3 辅助工具

1. Chrome 浏览器

虽然 iVX 支持在多种浏览器中使用，但是官方推荐使用 Chrome 浏览器。一是因为 Chrome 可以为 iVX 提供最大的兼容性，避免由于浏览器带来的各类问题；二是 Chrome 提供了丰富的开发者工具，方便开发和调试。例如，打开 Chrome 的“视图 / 开发者 / 开发者工具”窗口，可以方便地模拟不同分辨率手机浏览器的显示效果，同时在右侧可以查看各类相关数据（见图 8-20）。

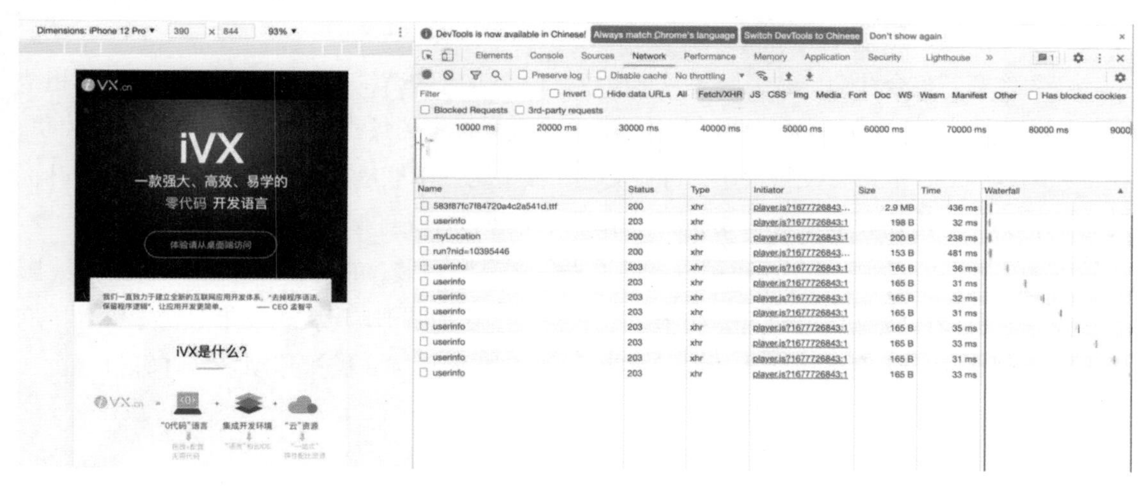

图 8-20 Chrome 的开发者工具

2. 格式工厂

“格式工厂”是一款免费的多媒体格式转换软件，仅支持 Windows 系统。为保证最大的兼容性，iVX 中的视频素材往往需要压缩为 H.264 编码的 MP4 格式，并且单个视频的文件大小不超过 350MB。如果原始视频不符合以上要求，就需要使用视频转码软件进行转码。如果用户使用的是 Mac 系统，也可以使用 Adobe Media Encoder 进行转码。

3. 草料二维码（https://cli.im）

“草料二维码”是一款在线二维码工具，可以方便地为文本、网址等生成二维码，也可以将二维码图片解析为原始信息。

4. Tinypng（https://tinify.cn）

Tinypng 是一款在线图片转换工具，支持将 WebP 和 JPEG 图片转换为 PNG 图片，可以在保证图片显示效果的前提下，最小化压缩图片大小，从而节省用户流量，提升案例流畅度。

5. Bigjpg（https://bigjpg.com/zh）

Bigjpg 可以使用 Illustrator 无损放大图片。

8.5 “大广赛”参赛指南

8.5.1 “大广赛”简介

全国大学生广告艺术大赛（简称“大广赛”）是迄今为止全国规模大、覆盖高等院校广、参与师生人数多、作品水准高、受高校教师欢迎、有较大社会影响力的全国性高校文科竞赛。

“大广赛”自 2005 年第 1 届至今，遵循“促进教改、启迪智慧、强化能力、提高素质、立德树人”的竞赛宗旨，成功举办了 14 届共 15 次赛事，全国共有 1869 所高校参与其中，超过百万学生提交作品。

“大广赛”整合社会资源、服务教学改革，以企业真实营销项目作为命题，与教学相结合，真题真做、了解受众、调研分析、提出策略，在现场提案的过程中实现教学与市场相关联。在“大广赛”平台上，高校与企业、行业交互，线上与线下联动，学生实践能力得以提升，同时企业文化与当代大学生所学专业课程相融，强化了创新创业、协同育人的理念。

“大广赛”参赛作品分为平面类（平面广告、产品与包装、IP 与创意周边）、视频类（影视广告、微电影广告、短视频）、动画类、互动类（移动端 H5 广告、场景互动广告）、广播类、策划案类、文案类（广告语、长文案、创意脚本）、UI 类（移动端、计算机端）、营销创客类（网络直播）、公益类共十大类。

其中，互动类的参赛要求如下。

（1）互动广告类别：移动端（手机）H5 互动广告（A 类）；场景互动广告（B 类），不限位置。

（2）作品要求。

① 线上 H5 互动广告。

- 用 HTML5 软件制作，创作平台由创作者自由选择。可以为 H5 动画、H5 游戏、H5 电子杂志、H5 交互视频等。
- 作品分辨率要适合手机屏幕尺寸，即默认页面宽度为 640px，高度可以为 1008px、1030px，总页数不超过 15 页。

② 场景互动广告以 H5 文件形式加以演示说明，并提交作品链接。

（3）作品提交。

- 网上提交：发布后的链接及二维码。注：保证作品在 1 年内能正常查看。

- 线下提交：将作品发布后的链接及二维码存在 Word 文档中并提交给所在学校。

8.5.2 “大广赛”互动作品创作要点

（1）主题与导向： 广告不只是一种商业行为，也是一种责任。广告创作要有文化、有温度（见图 8-21），传递爱心、良知、正能量（见图 8-22 和图 8-23）。

图 8-21　海天蚝油品牌故事：亿万人在意的，也是我们在意的①

图 8-22　《这个世界一个都不能少》
（作者：张学鹏）

注：2018 年第 10 届“大广赛”交互类一等奖②。

图 8-23　《永不消逝的电波》
（作者：汤屈、吴文璟、钟孜哲）

注：2021 年第 13 届“大广赛”交互类一等奖③。

（2）审题： 认真审题，看清各项要求，避免文不对题。2018 年的命题“网易云音乐”

① 访问地址：https://b23.tv/BplTwwd。
② 访问地址：https://filec082b3d3d03d.iamh5.cn/v3/idea/K57HUW2C?unid=ohAJ7wXaVU_KXbZcnmG-rGbkTx7c#unid=ohAJ7wXaVU_KXbZcnmG-rGbkTx7c&cpage=1。
③ 访问地址：https://file2c5303f1bcf1.aiwall.com/v3/idea/DEFwMMDp?unid=ohAJ7wXaVU_KXbZcnmG-rGbkTx7c&wxid=odVsFj9q3CkvyiImTKEqZIz44IuY&latestUser=1。

的主题是“如何推火一首歌（从网易云音乐提供歌单中任选一首歌曲）”（见图 8-24）。部分参赛作品策划书不是推火一首歌的策划，而是推广一个平台的策划，属于审题失误。

图 8-24 “网易云音乐”命题

（3）违规与抄袭： 遵纪守法是广告从业者应该遵守的基本准则，“大广赛”参赛作品也不例外。参赛人员在进行广告创作之前应该熟悉《中华人民共和国广告法》的各项规定，避免在广告创作中出现违法行为。例如，《中华人民共和国广告法》第二章第九条规定，广告不得有下列情形：使用或者变相使用中华人民共和国的国旗、国歌、国徽，军旗、军歌、军徽；使用或者变相使用国家机关、国家机关工作人员的名义或者形象；使用“国家级”“最高级”“最佳”等用语；损害国家的尊严或者利益，泄露国家秘密；妨碍社会安定，损害社会公共利益；危害人身、财产安全，泄露个人隐私；妨碍社会公共秩序或者违背社会良好风尚；含有淫秽、色情、赌博、迷信、恐怖、暴力的内容；含有民族、种族、宗教、性别歧视的内容；妨碍环境、自然资源或者文化遗产保护；法律、行政法规规定禁止的其他情形。

历年来均有部分作品因为涉嫌违法被取消参赛资格，例如，在广告中直接使用人民币或国家领导人形象，都涉嫌违法。除了违法违规作品外，每年也有大量被认定为抄袭的作品，遭到降级或直接淘汰。

8.5.3 “大广赛”iVX 平台创作与提交问题汇总

（1）iVX 中 H5 作品的提交流程是什么？

答：iVX 中 H5 作品的提交流程如下：制作→预览→发布为 Web →上架→提交正式版链接和二维码。

（2）iVX 平台如何收费？

答：iVX 云服务平台已于 2023 年 3 月 20 日起更改了收费方式，除私有部署的应用版本，用户开发的应用将在接口 / 服务调试、预览版、发布版和上架版访问时按实际使用量从账号余额或作品钱包余额中扣费，具体收费方式读者可参看官网的“云计算服务收费标准”。总体来说，应用的收费与作品复杂度和访问次数相关，根据以往经验，“大广赛”复杂程度的作品每次点击的花费在 0.01 ～ 0.02 元。

（3）预览、发布、上架有什么区别？

答：预览、发布、上架的区别如下。

预览：预览用于随时调试和查看应用效果，开发者每次修改案例时链接地址都会改变。预览链接为临时地址，不能用于提交参赛作品。

发布：应用开发完成后准备上架前需要发布。每次预览时后台都会对应用进行实时编译，用户需要等待系统编译完成后才能查看效果，效率较低。发布是将已经完成的应用在后台编译打包好，无须每次重新编译，因此访问速度较快。但是和预览版一样，如果开发者修改了案例内容重新发布，链接地址就会发生变化，因此也不能用于提交参赛作品。

上架：应用开发完成后需要先发布，然后上架（见图 8-25）。上架后的应用拥有永久链接，没有访问限制，按量计费。确定不再提供访问或需要控制费用时可以“下架”应用。

（4）无法实名认证，无法发布怎么办？

答：联系客服询问原因，提供证明材料；借用其他认证成功的账号制作发布。

（5）作品上架后是否可以修改？

答：预览版和发布版应用修改后地址均会发生变化，原链接失效；上架后的应用地址为永久地址，修改后先重新发布，然后在发布版标签页单击“更新”按钮即可更新内容（见图 8-26）。

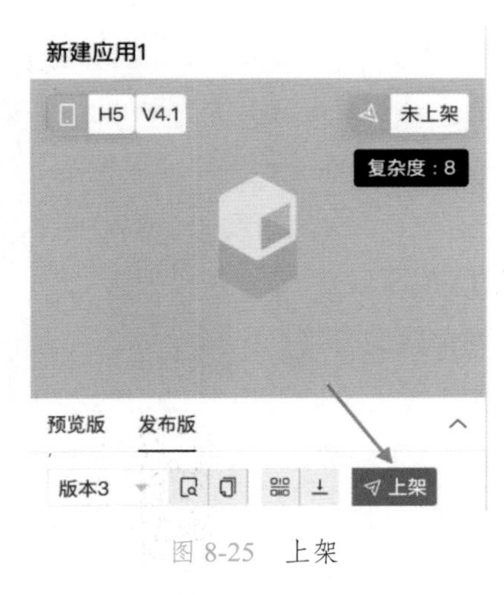

图 8-25　上架

图 8-26　更新上架

（6）发布后数据库无法使用是怎么回事？

答：预览版和发布版使用两个不同的数据库，发布后带有数据库的应用需要单击数据库，选择“发布数据表”标签，再单击“同步预览版数据”按钮同步预览版的数据库后才能正常使用（见图 8-27）。

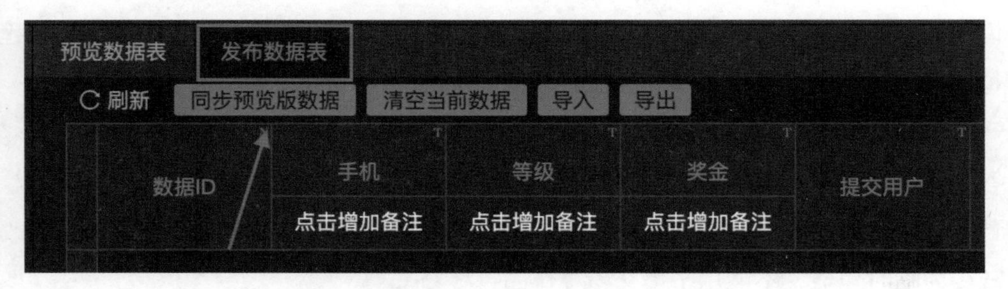

图 8-27　发布数据表

（7）iVX 默认分辨率与“大广赛”要求不同，是否需要修改？

答：iVX 平台默认分辨率为 375px × 667px，“大广赛”作品提交要求为“作品分辨率要适合手机屏幕尺寸，即默认页面宽度为 640px，高度可以为 1008px、1030px，总页数不超过 15 页”。在默认情况下，iVX 平台生成的作品都会自适应浏览器大小，并不需要特别调整分辨率。如果使用默认分辨率制作案例，作品完成后，务必在 Chrome 浏览器中打开“视图 / 开发者 / 开发者工具”，测试要求分辨率下的适配情况，如有明显问题，则需要修改默认开发分辨率，没有则不需要修改。

（8）为什么我的应用在计算机中预览没有问题，在手机中却不能正常使用？

答：计算机与手机使用不同的操作系统和浏览器，可能存在兼容性问题。虽然在 iVX 开发页面和 Chrome 浏览器的开发者模式下均有不同分辨率，可以切换查看界面变化情况，但这些功能仅能模拟不同终端的显示，并不能代替真实的使用情况，因此，在计算机端开发完成后，一定要在手机端分别针对不同机型的 iOS、安卓与鸿蒙系统进行测试。如果设备有限，也应该针对重点目标终端进行真机测试。除了操作系统，不同的浏览器也会有不同的使用和显示效果，最好避免某个功能只在特定浏览器上才能正常使用的情况发生，如果非要使用这些可能存在兼容性问题的功能，可以在应用的开始页面提示用户使用特定的浏览器。解决兼容性问题的核心是如何平衡开发成本与用户体验，百分之百解决兼容性问题是不可能且没有必要的，只要满足大多数主流终端没有重大问题即可。

（9）为什么我设计好的应用其他人观看时版面会发生变化？

答：这是因为用户使用的终端设备和软件设置千差万别，开发时使用的默认分辨率、对齐方式以及字体大小等设置无法完全适配。这种情况非常常见，是不能完全避免的。此类问题最常见的有两类，一是背景下方有白边，二是文本排版发生错乱。白边问题可以在设计背景图时以 iPhone X 的分辨率 375px × 812px 为参考，一开始就将背景图设计为最高数值 812px。也可以在不改变背景高度的情况下使用前台或者页面的“背景”属性来上传背景图，此时可以灵活选择缩放方式进行自动适配。文本排版错乱问题是由于不同终端的字体设置不同，特别是用户对系统或浏览器的字体进行过个性化调整时，就会导致文本换行或对齐出现问题。我们建议在文本较少且不需要频繁修改的情况下使用其他平面设计软件将文本导出为图片使用，或者在输入文字时设置文本框的宽和高为“自动”或“包裹”，这样可以避免由文本导致的排版混乱问题。

（10）应用卡顿、不流畅怎么办？

答：检查各类素材的大小。除了画中画需要较大分辨率外，一般图片的分辨率最大不要超过前台默认分辨率的 2 倍（750px × 1334px）。在分辨率未变的情况下还可以通过压缩图片进一步调整大小；过大的视频或音频素材可以分为多段播放；有多个页面且都有大量素材的应用，可以打开页面属性中的“资源预加载”开关，这会增加首次打开页面的时间，但会加快后续页面的打开速度；使用发布版而不是预览版链接提交作品，因为发布版已完成编译打包，效率更高，且链接不会改变；对于素材较大的应用，可以在发布窗口中设置“自定义 loading”属性（见图 8-28），上传加载页面或动画，提升用户的使用感受。

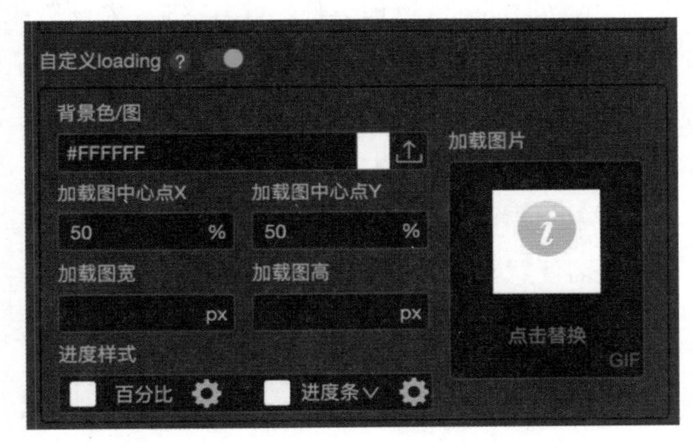

图 8-28　自定义 loading

（11）iVX 对多媒体规格有何要求？

答：iVX 对多媒体的支持如下。

- 图片：.jpg、.gif、.png 格式，小于 100MB。
- 音频：MP3 格式，小于 50MB。
- 视频：MP4 格式，H.264 编码，小于 350MB，码率控制在 1000Kb/s 左右。视频素材具体处理方法可在官网文档中搜索关键词“视频”查看。

（12）视频播放有声音但没图像，如何处理？

答：通过计算机或视频处理软件查看视频码率，将“数据速率”和“总比特率”控制在 1000Kb/s 左右，过大会导致在 iOS 和 Chrome 浏览器中播放视频时有声音但没图像。

（13）使用 iVX 过程中遇到问题怎么办？

答：单击工作台右下角的“帮助中心”按钮进入免费技术群求助或进入诊断室找专家付费咨询；查阅官方文档或在帮助中心留言提问；在课程和 Demo 中查看类似案例；在组件市场和应用商店中下载应用直接使用或修改后使用。

8.6 本章小结

（1）H5 作品大致可以分为侧重画面交互的展示型应用和侧重功能的操作型应用。

（2）H5 作品是技术综合性创意表达，可以从策划创意、技术能力、视觉表现、阅读体验、交互程度 5 个维度评价 H5 作品的综合素质，创作时需要遵循一致性、简洁性、条理性、可视性、情感性原则。

（3）H5 作品设计的主要内容是版面设计和交互设计，常见的版面类型有直线形、斜线形、三角形、圆形、流线形等；常见的交互设计类型有交互视频、快闪影片、一镜到底、画中画、全景与 3D 世界、滑动时间轴、物理引擎、重力感应、粒子效果、画图、连接等。

（4）H5 设计常用的素材处理软件有 Photoshop、Illustrator、After Effects、Audition、即时设计等；H5 的制作工具有易企秀、MAKA、人人秀、意派 Epub360、木疙瘩、iH5（iVX）等；开发辅助工具有 Chrome 浏览器、格式工厂、草料二维码、Tinypng、Bigjpg 等。

（5）“大广赛”互动类的创作，需注意作品的主题与导向，仔细审题，遵守广告法，杜绝抄袭违规行为，另外还需注意常见的提交问题。

参考文献

[1] 孟智平，黄润民．iVX 通用无代码编程 [M]．北京：清华大学出版社，2023.

[2] 邓嘉琳．H5 页面创意设计 [M]．北京：人民邮电出版社，2021.

[3] 网易传媒设计中心．H5 匠人手册 [M]．北京：清华大学出版社，2018.

[4] 苏杭．移动营销设计宝典 [M]．北京：清华大学出版社，2017.

致谢

本书的编写和出版得到了多方支持，除主编与副主编之外，参与编写与校对工作的还有林佳怡、付雨桐、姜日琪、孙明春。

感谢西南交通大学研究生教材（专著）经费建设项目的专项资助（项目编号：SWJTU-JC2022-016）。

感谢深圳市世云新媒体有限公司 iVX 创始人 &CEO 孟智平先生对教材编写的积极回应与切实帮助。

感谢清华大学出版社王莉编辑，在长达 1 年多的编写过程中，协助完成了所有作者与出版社的沟通工作。

感谢朱洁老师协助联系了出版社。

感谢家人的照顾与支持。